Mustapha Teffahi

Sélection de lignées d'orge (Hordeum vulgare L.)

Mustapha Teffahi

Sélection de lignées d'orge (Hordeum vulgare L.)

Amélioration des orges

Presses Académiques Francophones

Impressum / Mentions légales
Bibliografische Information der Deutschen Nationalbibliothek: Die Deutsche Nationalbibliothek verzeichnet diese Publikation in der Deutschen Nationalbibliografie; detaillierte bibliografische Daten sind im Internet über http://dnb.d-nb.de abrufbar.
Alle in diesem Buch genannten Marken und Produktnamen unterliegen warenzeichen-, marken- oder patentrechtlichem Schutz bzw. sind Warenzeichen oder eingetragene Warenzeichen der jeweiligen Inhaber. Die Wiedergabe von Marken, Produktnamen, Gebrauchsnamen, Handelsnamen, Warenbezeichnungen u.s.w. in diesem Werk berechtigt auch ohne besondere Kennzeichnung nicht zu der Annahme, dass solche Namen im Sinne der Warenzeichen- und Markenschutzgesetzgebung als frei zu betrachten wären und daher von jedermann benutzt werden dürften.

Information bibliographique publiée par la Deutsche Nationalbibliothek: La Deutsche Nationalbibliothek inscrit cette publication à la Deutsche Nationalbibliografie; des données bibliographiques détaillées sont disponibles sur internet à l'adresse http://dnb.d-nb.de.
Toutes marques et noms de produits mentionnés dans ce livre demeurent sous la protection des marques, des marques déposées et des brevets, et sont des marques ou des marques déposées de leurs détenteurs respectifs. L'utilisation des marques, noms de produits, noms communs, noms commerciaux, descriptions de produits, etc, même sans qu'ils soient mentionnés de façon particulière dans ce livre ne signifie en aucune façon que ces noms peuvent être utilisés sans restriction à l'égard de la législation pour la protection des marques et des marques déposées et pourraient donc être utilisés par quiconque.

Coverbild / Photo de couverture: www.ingimage.com

Verlag / Editeur:
Presses Académiques Francophones
ist ein Imprint der / est une marque déposée de
OmniScriptum GmbH & Co. KG
Heinrich-Böcking-Str. 6-8, 66121 Saarbrücken, Deutschland / Allemagne
Email: info@presses-academiques.com

Herstellung: siehe letzte Seite /
Impression: voir la dernière page
ISBN: 978-3-8381-4819-9

Copyright / Droit d'auteur © 2015 OmniScriptum GmbH & Co. KG
Alle Rechte vorbehalten. / Tous droits réservés. Saarbrücken 2015

Sélection de lignées d'orge (*Hordeum vulgare L*)

Par

Mustapha TEFFAHI

RESUME

Sélection de lignées d'orge (*Hordeum vulgare L.*) issues de variétés locales et introduites pour la productivité

L'objectif de ce travail est d'évaluer des lignées d'orge haploïdes doublées en vue de sélectionner celles qui associent haute productivité et meilleur adaptabilité aux conditions environnementales des zones semi-arides.

L'évaluation a porté sur l'étude de comportement de ces lignées par rapport aux paramètres suivants : caractères morphologiques, caractères agronomiques et les rendements.

HD40, HD39, HD38, HD1, HD46, HD45, HD5, HD14, HD12, HD2, HD16, HD43, HD15, HD35, HD30, HD24, HD11, HD19, HD13, HD10 et HD25, sont apparues comme les meilleures lignées pour les caractères morphologiques, de même que pour le parent E.

En revanche, HD35, HD5, HD19, E, HD15, HD12, HD25, HD16, HD46, HD14, HD13, HD30, HD43, HD24, HD1, HD10, HD45, HD2, HD31, HD38, HD26, HD40, HD21 et HD39, se sont avérées sont les meilleures lignées pour les caractères agronomiques, de même que pour le parent E.

Quant aux lignées : HD35, HD5, HD19, HD15, HD12, HD25, HD37, HD16, HD46, HD14, HD13, HD30, HD43, HD24, HD1, HD10, HD45 et HD11, elles ont montré des meilleures capacités pour le rendement.

HD60, HD54, HD59, HD55, HD63 et HD65, se sont avérées, les meilleures lignées pour les caractères morphologiques.

Par contre, HD59, HD54, HD65 et HD60, sont les meilleures pour les caractères agronomiques.

Quant aux lignées HD63, HD54, HD65, et aux parents, ils se distingués par les plus hautes capacités de rendement.

Mots clés : lignées d'orge haploïdes doublées, haute productivité, adaptabilité, zones semi-arides, paramètres.

ABSTRACT

Selection of barley lines (*Hordeum vulgare*) resulting from varieties local and introduced for the productivity

The objective of this work is to evaluate haploid barley lines doubled in order to select those which associate high productivity and better adaptability the environmental conditions of the semi-arid zones.

The evaluation related to the study of behavior of these lines compared to the following parameters: morphological characters, agronomical characters and yields

HD40, HD39, HD38, HD1, HD46, HD45, HD5, HD14, HD12, HD2, HD16, HD43, HD15, HD35, HD30, HD24, HD11, HD19, HD13, HD10 and HD25, seemed the best lines for the morphological characters, just as for the Parent E.

On the other hand, HD35, HD5, HD19, E, HD15, HD12, HD25, HD16, HD46, HD14, HD13, HD30, HD43, HD24, HD1, HD10, HD45, HD2, HD31, HD38, HD26, HD40, HD21 and HD39, proved are the best lines for the agronomic characters, just as for the parent E.

As for the lines:HD35, HD5, HD19, HD15, HD12, HD25, HD37, HD16, HD46, HD14, HD13, HD30, HD43, HD24, HD1, HD10, HD45 and HD11, they showed better capacities for the yields.

HD60, HD54, HD59, HD55, HD63 and HD65, proved, the best lines for the morphological characters.

On the other hand, HD59, HD54, HD65 and HD60, are the best for the agronomic characters.

As for lines HD63, HD54, HD65, and with the parents, they distinguished by the highest capacities from yields.

Key words: doubled haploid barley lines, high productivity, adaptability, semi-arid zones and parameters.

REMERCIEMENTS

Tout d'abord, je tiens à rendre grâce à « **ALLAH** » tout puissant, de m'avoir donné la force nécessaire pour mener à bien ce travail.

Au terme de ce travail, je tiens à exprimer toute ma reconnaissance et remerciements à mon Encadreur, Mr ABDELKADER AISSAT, Maître de Conférences au département des sciences agronomiques de l'université de Blida qui a fait preuve d'une grande patience à mon égard et a été d'un grand apport pour la réalisation de ce travail.

Je tiens aussi à exprimer mes plus grands respects et mes vifs remerciements au Professeur AICHOUCH.A. pour l'honneur qu'il me fait en acceptant de présider le jury.

Mes remerciements les plus profonds au Professeur BENMOUSSA. M., et au Docteur ABDELHUSSAIN M.S. qui ont bien voulu examiner ce travail.

Je souhaite exprimer toute ma gratitude à mon co-promoteur Mme RAMLA.D. chercheur à l'I.N.R.A.A, qui m'a accueilli dans son équipe et m'a proposé un sujet riche et passionnant. Je la remercie très sincèrement pour l'encadrement scientifique apporté au cours de la réalisation de ce mémoire. Elle a toujours été disponible, à l'écoute de mes nombreuses questions, et s'est toujours intéressée à l'avancée de mes travaux. Grâce à ses grandes qualités humaines elle m'a aidé à passer tous les caps difficiles en m'encourageant lorsque j'en avais besoin.

Je tiens à remercier l'ITGC d'Elkhroub pour m'avoir permis d'installer les dispositifs expérimentaux.

Un grand merci à Mr Zelateni .A de l'ITGC d'Elkheroub et Mr Benbelkacem chercheur (MR) au niveau de l'INRAA pour leur disponibilité et leur aide.

Enfin, je remercie tous ceux qui m'ont aidé à réaliser ce travail.

DEDICACES

Je dédie ce modeste travail à :

        Mes parents ;

        Mes frères et sœurs ;

        Ma grande famille ;

        Mes ami (e) s ;

        Tous ceux qui me sont chers.

Mustapha

TABLE DES MATIERES

RESUME
ABSTRACT

REMERCIEMENTS
DEDICACES
TABLE DES MATIERES
LISTE DES ILLUSTRATIONS, GRAPHIQUES ET TABLEAUX

INTODUCTION   1

CHAPITRE 1 GÉNÉRALITÉS SUR L'ORGE

1.1. Origine et histoire	4
1.2. Présentation botanique	4
1.3. Données économiques	5
1.4. Utilisation de l'orge	5
1.5. Les principales variétés d'orge cultivées en Algérie	7
1.6. haplodiploidisation	9
1.6.1. Présentation	9
1.6.2. L'haplodiploïdisation : un outil multi-usage pour la génétique et l'amélioration des céréales	9
1.6.2.1. Avantages de l'haplodiploïdisation	9
1.6.2.2. Limites de l'haplodiploïdisation	11
1.6.2.3. Bilan de la création variétale par haplodiploïdisation	12
1.6.2.4. Le cas des espèces récalcitrantes	13
1.6.2.5. Marquage de l'aptitude à l'haploïdie	13
1.6.2.6. Les haploïdes doublés comme matériel idéal pour le marquage moléculaire	13
1.6.3. L'utilisation des haploïdes doublés (H.D) dans le cas de l'orge	14

CHAPITRE 2 LA SÉLECTION DE L'ORGE

2.1. L'objectif de la sélection	16
2.2.1. La sélection pour améliorer la productivité et la stabilité du rendement	16
2.2.2. La sélection pour améliorer l'adaptation au milieu	19
2.2.2.1 La sélection *in vitro* pour la tolérance aux stress	20
2.2.3. La sélection pour améliorer résistance à la verse	21

2.2.4. La sélection pour améliorer la résistance aux maladies	21
2.2.5. La sélection assistée par des marqueurs moléculaires.	24

CHAPITRE 3 MATERIÉL ET MÉTHODES

3. 1. Objectif de l'essai	26
3. 2. Présentation du site expérimental	26
3.2.1. Conditions climatiques	26
3. 2.1.1. Pluviométrie	28
3. 2.1.2. Température	28
3.2.1.3. Diagramme ombro-thermique	29
3.2.2. Conditions édaphiques	29
3.3. Protocole expérimental	29
3.4. Itinéraire technique	30
3.4.1. Précédent cultural	30
3.4.2. Travail du sol	31
3.4.3. Semis	31
3.4.4. Fertilisation	31
3.4.4.1. Fumure de fond	31
3.4.4.2. Fertilisation azote	31
3.4.5. Récolte	31
3.5. Méthodologie d'étude	31
3.5.1. Caractères morphologiques	31
3.5.2. Caractères agronomiques	32
3.5.3. Les rendements	33
3.5.4. Etudes des corrélations	34

CHAPITRE 4 RÉSULTATS ET INTERPRÉTATIONS

4.1. Dispositif expérimental (T*E)	36
4.1.1. Caractères morphologiques	36
4.1.1.1. Longueur de l'épi	36
4.1.1.2. Longueur des barbes	38
4.1.1.3. Hauteur de la tige	40
4.1.2. Caractères agronomiques	42
4.1.2.1. Nombre de grains par épi	42
4.1.2.2. Le poids de grain de l'épi	44
4.1.2.3. Poids de mille grains (PMG)	46
4.1.2.4. Nombre de pieds levés par mètre carré	48
4.1.2.5 .Nombre de pieds levés par mètre carré à la sortie d'hiver	50
4.1.2.6. Nombre d'épis par mètre carré	52
4.1.3. Les rendements	54
4.1.3.1. Biomasse aérienne (g/m²)	54
4.1.3.2. Rendement en paille (g/m²)	56
4.1.3.3. Rendement en grain calculé (g/m²)	58
4.1.3.4. Rendement en grain réel (g/m²)	60

4.1.3.5. Indice de récolte	62
4.1.4. Etude des corrélations :	64
4.1.4.1. Les caractères morphologiques	64
4.1.4.1. Les caractères agronomiques	67
4.1.4.2. Les rendements	70
4.2. Dispositif expérimental (T.P)	73
4.2.1. Caractères morphologiques	73
4.2.1.1. Longueur de l'épi	73
4.2.1.2. Longueur des barbes	74
4.2.1.3. Hauteur de la tige	75
4.2.2. Caractères agronomiques	77
4.2.2.1. Nombre de grains par épi	77
4.2.2.2. Le poids de grain de l'épi	78
4.2.2.3. Poids de mille grains (PMG)	79
4.2.2.4. Nombre de pieds levés par mètre carré	80
4.2.2.5. Nombre de pieds levés par mètre carré à la sortie d'hiver	82
4.2.2.6. Nombre d'épis par mètre carré	83
4.2.3. Les rendements	84
4.2.3.1. Biomasse aérienne (g/m²)	84
4.2.3.2. Rendement en paille (g/m²)	86
4.2.3.3. Rendement en grain calculé (g/m²)	87
4.2.3.4. Rendement en grain réel (g/m²)	88
4.2.3.5. Indice de récolte	89
4.2.4. Etude de la corrélation :	91
4.2.4.1. Les caractères morphologiques	91
4.2.4.2. Les caractères agronomiques	94
4.2.4.3. Les rendements	97

CHAPITRE 5 DISCUSSION GENERALE

5.1. Les caractères morphologiques	100
5.2. Les caractères agronomiques	101
5.3. Les rendements	104
5.4. Etude des corrélations	104
5.5. Tableau récapitulatif des principaux résultats	106
CONCLUSION	107
APPENDICES.	109
REFERENCES BIBLIOGRAPHIQUES	117

INTRODUCTION

L'importance stratégique et économique des céréales a une relation directe avec le régime alimentaire de la population mondiale.

Cette importance a plusieurs raisons qui correspondent à diverses caractéristiques communes à toutes les céréales à paille : la richesse de leurs grains en amidon et en protéines, la facilité de collecte et de conservation, la facilité de transport et la tolérance aux stress biotiques et abiotiques [1].

Les pays à forte population agricole sont de gros consommateurs de leurs récoltes. Ils sont aussi des importateurs. Tandis que, les pays industrialisés, à agriculture semi-intensive à intensive, se caractérisent par les rendements élevés de leurs productions. Ils sont généralement de gros transformateurs des produits céréaliers et exportateurs [1].

Les produits des céréales à paille constituent la base de l'alimentation de la quasi-totalité des peuples de la planète. L'amélioration variétale de ces céréales a connu depuis longtemps une attention particulière. L'objectif d'amélioration fixé est une combinaison entre le potentiel de production, d'adaptation aux différentes zones agro-écologiques et de tolérance aux principales maladies.

Au cours de ces vingt dernières années, le travail de sélection du programme d'amélioration des céréales a permis de sélectionner des milliers de variétés. Pour chaque espèce, la sélection variétale a été faite pour répondre à la grande diversité agro-écologique, d'une part, et aux besoins spécifiques des agriculteurs, d'autre part ; ainsi de mettre à la disposition des agriculteurs, des variétés performantes et adaptées aux conditions du milieu et de bonne qualité technologique.

En Algérie, La céréaliculture revêt une importance particulière en raison du mode alimentaire de notre population etdes besoins qui en découlent, de satisfaire tous les besoins alimentaires. Face à une telle situation, l'état fait recours annuellement à des importations massives de céréales pour combler le déficit, entrainant ainsi la dépendance du pays sur le plan alimentaire vis-à-vis de l'extérieur [5].

L'orge (*Hordeum vulgare*L.) est une des plus importantes cultures céréalières à l'échelle mondiale, sa production étant estimée à 152 MT. Elle représente 15 % de la consommation mondiale de céréales, devancée uniquement par le blé, le riz et le maïs [6].

Compte tenu de l'importance de l'orge au plan mondial, un très grand nombre de chercheurs travaillent dans le cadre de l'amélioration variétale. De nos jours, les sélectionneurs disposent de plusieurs outils qui permettent un gain d'efficacité comme l'haploïdisation, la cartographie génétique, la sélection assistée par marqueurs moléculaires… Dans un souci de pouvoir réduire de façon considérable le cycle de création d'une nouvelle variété, les techniques d'haploïdisation sont le plus souvent utilisées.

En Algérie, l'orge est la deuxième céréale cultivée après le blé. L'orge occupe avec le blé dur 80% de la surface ensemencée en céréales chaque année [7]. Les deux variétés locales (Saïda 1983 et Tichedrett) occupent respectivement 72% et 17% de la sole semencière d'orge [8]. Elle reste un pays importateur de toutes les céréales, qui constituent, pourtant, l'alimentation de base de la population.

Cette situation est du à deux problèmes essentiels :

- Une production céréalière insuffisante, due particulièrement à la faiblesse des rendements.
- Une démographie galopante.

La récolte 2009 s'est distinguée par un volume de collecte de 942 900 tonnes, soit un taux de 43% de la production d'orge, qui n'a jamais été atteint auparavant [9].

L'amélioration du niveau de productivité de cette espèce et son adaptation aux conditions environnementales rudes, apparait désormais comme une nécessité pour l'impulsion qu'elle peut donner aux infrastructures de l'économie agricole.

Dans ce cadre, notre étude s'est proposé d'étudier le comportement de lignées d'orge haploïdes doublées afin d'identifier les plus adaptées et les plus performantes d'entre elles, du point de vue productivité et adaptabilité aux conditions environnementales, dans les zones semi-arides d'El-khroub wilaya de Constantine.

CHAPITRE 1
GÉNÉRALITÉS SUR L'ORGE

1.1. Origine et histoire

L'orge est issue de formes sauvages d'*Hordeum spontaneum* que l'on trouve encore aujourd'hui au Moyen Orient. *Hordeum spontaneum*, l'orge à deux rangs, qu'est très répandue depuis la Grèce jusqu'au Moyen Orient, est connue comme étant la forme ancestrale de l'orge cultivée, avec laquelle, elle est parfaitement inter-fertile [10].

1.2. Présentation botanique

L'orge commune (*Hordeum vulgare* L.) est une céréale à paille. C'est une monocotylédone qui appartient à la famille des Poacées et à la sous-famille des Festucoïdées. Le genre *Hordeum*, auquel l'orge cultivée appartient, se caractérise par des épillets uniflores groupés par trois, avec un central, flanqué de deux latéraux, disposés alternativement à chaque étage du rachis [11]. Sa classification est basée sur la fertilité des épillets latéraux, la densité de l'épi et la présence ou l'absence des barbes [12].

Il existe deux types d'orge :

Hordeum vulgare distichum celle à épis plats à 2 rangs de grains; sur chaque article du rachis sont insérés, au même point, trois épillets : l'épillet central est seul fertile et ne comporte qu'une fleur, les épillets latéraux sont stériles ;

Hordeum vulgare hexastichum, celle à épis cylindrique à 6rangs de graines communément appelées escourgeon ; elle présente trois épillets fertiles, comportant un seul grain chacun par niveau d'Insertion. Les grains latéraux sont légèrement dissymétriques. L'ensemble des grains constitue alors six rangées autour du rachis [13].

Les épillets latéraux peuvent se développer normalement et ainsi conférer la morphologie orge à "6 rangs" ou être stériles, réduits à des vestiges et caractériser les orges à "2 ou 4 rangs" [14]. L'espèce *H.vulgare* L. est diploïde et possède sept paires de chromosomes [15]. Elle peut être annuelle ou vivace. Parmi les variétés cultivées, il existe des orges d'hiver et des orges de printemps. Les orges d'hiver nécessitent d'être vernalisées pour fleurir, c'est-à-dire qu'une exposition au froid et une photopériode plus courte sont indispensables pour induire leur floraison. Ces variétés sont donc semées en début d'hiver. Les variétés de printemps quant à elles, ne résistent pas au froid et ne nécessitent pas de vernalisation, elles sont par conséquent semées au printemps [14].

La fleur d'orge est constituée d'un verticille de trois anthères, chacune constituée d'une anthère fixée au filet, et d'un ovaire surmonté de deux stigmates plumeux [10 ; 14]. L'anthère représente l'organe reproducteur mâle de la fleur qui produit les grains de pollen. La floraison débute vers le tiers supérieur de l'épi, puis s'étend à l'épi entier. L'orge est le plus souvent autogame, c'est à dire que les anthères émettent une grande partie de leur pollen dans leur fleur d'origine, induisant une autopollinisation [16].

1.3. Données économiques

L'orge est la quatrième céréale cultivée au rang mondial après le maïs, le blé et le riz [8]. L'espèce *H. vulgare* L. possède une forte capacité d'adaptation à des conditions extrêmes, grâce à l'existence de variétés avec un cycle de culture court (100 à 120 jours) et à sa résistance à la sécheresse et à la salinité. Ainsi l'orge est cultivée du niveau de la mer (bassin méditerranéen), à plus de 4500 mètres d'altitude dans la chaîne montagneuse himalayenne [14].

Les coefficients de variation du rendement en grains sont de 26.6 %. 24,5 et 22,7% respectivement pour l'orge, le blé dur et le blé tendre, indiquant que l'orge est moins régulière, probablement parce qu'elle occupe les zones les moins favorables [17].

1.4. Utilisation de l'orge

L'orge est une espèce très adaptée aux systèmes de cultures pratiqués en zones sèches. Cette adaptation est liée à un cycle de développement plus court et à une meilleure vitesse de croissance en début du cycle. La culture de l'orge, de par ses caractéristiques, s'insère bien dans les milieux caractérisés par une grande variabilité climatique où elle constitue avec l'élevage ovin l'essentiel de l'activité agricole [14 ; 18]. Le grain d'orge est utilisé en alimentation animale. Il est considéré comme l'un des meilleurs aliments pour la qualité qu'il apporte à la viande mais aussi pour ses valeurs diététiques [19 ; 20]. L'orge peut également être cultivée pour l'apport de nourriture sous forme d'ensilage (plante entière) ou générer des pâtures aux animaux dans les régions sèches du Proche-Orient [20 ; 21]. Même si l'utilisation de l'orge en alimentation humaine est de moins en moins importante, elle est encore présente pour la fabrication de pains, soupes et gruaux [20]. La principale utilisation de l'orge reste pour l'industrie brassicole et la fabrication de la bière et du whisky [20 ; 21]. Les critères de qualité nécessaires à ces utilisations sont partiellement conditionnés par le génotype [10 ; 20].

En Algérie, l'orge est à destination fourragère et alimentaire. Deux variétés locales, Saida et Tichedrett couvrent l'essentiel des superficies qu'occupe cette espèce. Des variétés nouvelles ont fait leur apparition en milieux producteurs, mais elles n'occupent, toutefois, que des superficies limitées suite à leur faible adaptabilité à l'environnement de production. Elles sont irrégulières et produisent peu de paille, sous stress [20]. La sélection de nouvelles variétés relativement mieux adaptées et plus productives reste donc un important objectif de recherche dans les régions semi-arides où de faibles progrès ont été faits en la matière [18]. Le tableau (1.1) comporte des données économiques sur la culture de l'orge dans le monde.

Tableau 1.1 : Données économique sur la culture de l'orge dans le monde [8].

Monde	année	unité	quantité
production	2009	tonnes	152125329
surfaces cultivées	2009	Ha	54059705
semences	2009	tonnes	8225382
rendement	2009	Hg/Ha	28140

1.5. Les principales variétés d'orge cultivées en Algérie

L'orge est, généralement, cultivée en Algérie là où le blé ne peut donner un bon rendement, c'est-à-dire dans les zones semi-arides. Elle occupe les moins bonne terres, parmi celles réservées aux blés, comme on peut la trouver dans les zones marginales à sols plus au moins pauvres, et cela, grâce à sa rusticité [23].

Le tableau (1.2) montre les principales variétés d'orge cultivées en Algérie et leurs caractères :

Tableau 1.2 : Les principales variétés d'orge cultivées en Algérie et leurs caractères [2].

Variétés Caractères	SAIDA 183	TICHEDRETT	RAHANE 03	REMADA
Morphologie Epi	6 rangs lâches à barbe non pigmentée	6 rangs, compact à barbes très longues	Effilé à 6 rangs, compact	6 rangs compacts blancs
Paille	moyenne creuse	moyenne	Courte	courte, creuse
Grain	blanc, long, étroit et peu ridé	long et peu ridé	Blanc, arrondi	gros, blanc
Cycle végétatif tallage	Semi-précoce moyen	précoce moyen	Précoce Fort	Précoce fort
Comportement à l'égard des maladies	Sensible aux rouilles, rhynchosporiose Très sensible à l'helminthosporiose et à l'oïdium	Sensible à la rouille jaune et à la rhynchosporiose Assez tolérante a l'helminthosporiose	Tolérante à la rhynchosporiose, à la rouille brune et à l'helminthosporiose	Tolérante aux rouilles jaune, noire et brune.
productivité	Bonne	Bonne	Bonne	Bonne
Zone d'adaptation	hauts plateaux	Plaines intérieures, hauts plateaux	Plaines intérieures, hauts plateaux, littoral	Plaines intérieures

1.6. L'haplodiploïdisation

1.6.1. Présentation

Un haploïde doublé est défini comme étant une plante possédant un stock chromosomique hérité d'une seule cellule haploïde [24]. Le doublement du nombre de chromosomes permet l'obtention de plantes diploïdes et homozygotes pour l'ensemble de leur génome. L'utilisation d'haploïde doublé a de nombreuses applications aujourd'hui, notamment chez les céréales [25; 26]. Les plantes obtenues sont homozygotes, donc leur génotype et leur phénotype se confondent. Les plantes haploïdes peuvent exprimer des caractères récessifs, dont l'expression est habituellement masquée par l'hétérozygotie, et présenter de nouveaux phénotypes [27 ; 28; 29]. De plus, les caractères d'intérêt sont fixés dès la première génération puisque les plantes haploïdes doublés présentent un génome homozygote pour tous les caractères [30].

1.6.2. L'haplodiploïdisation : un outil multi-usage pour la génétique et l'amélioration des céréales

Les méthodes de production d'haploïdes doublés et plus particulièrement celles faisant appel à l'haplodiploïdisation in vitro, ont déjà eu un impact sur la génétique et l'amélioration des plantes. Cet impact a toutes les chances de s'amplifier dans les années à venir. En effet, cette biotechnologie offre non seulement la possibilité d'obtenir plus rapidement des lignées totalement homozygotes, mais elle permet également de simplifier certaines analyses en génétique quantitative et se révèle être un outil remarquable en marquage moléculaire. C'est dire son importance stratégique, tant dans le domaine de l'application que dans celui de la recherche plus fondamentale [31].

1.6.2.1. Avantages de l'haplodiploïdisation

L'haploïdisation permet un gain de temps pour l'obtention des lignées fixées et parfaitement homozygote par rapport à la méthode classique; cette rapidité peut être largement suffisante pour la justification de l'utilité des haploïdes, cela est valable pour les espèces où le mode de reproduction et de développements peuvent retarder la sélection. Cette technique offre une facilité et une précision de jugement en sélection sur matériel stable et homogène après multiplication du fait de l'homozygotie [32].

En outre, les haploïdes peuvent constituer un matériel simplifié pour réaliser des études et des analyses génétiques, des aspects plus simples aux plus compliqués. Avec les haploïdes on peut induire par mutagénèse une très large variabilité visible a rapporté que les haploïdes permettent une lecture directe des mutations provoquées. Par ailleurs les haploïdes facilitent les études cytogénétiques et l'étude du caryotype chez les espèces ayant un nombre de chromosomes élevé [32].

JESTIN [10], signale l'absence de biais et gain d'efficacité dus à la suppression des effets hétérotiques de dominance et superdominance, pour autant que le but soit l'obtention de lignées pures.

WALSH [33], rapporte que les lignées haploïdes doublés sont aussi stables que les lignées de sélection généalogique et ce quel que soit l'environnement dans lequel elles se trouvent. Leurs performances agronomiques sont comparables à celle des variétés classiques actuelles.

Dans une population d'haploïdes doublés issus d'un croisement, la variance additive est deux fois plus importante que celle de la population de plantes F2 issues de l'autofécondation du même croisement, permettant aussi une maximisation de la part de l'additivité et de l'épistasie, une expression de tous les gènes (allèles) et en particulier des gènes récessifs masqués, ce qui permet une valorisation et une optimisation de ces effets additifs ou d'épistasie [34 ; 35 ; 36].

L'haplodiploïdisation est une méthode que l'on peut appliquer à n'importe quelle génération au cours d'un programme de sélection classique. Cependant, son niveau d'application dépendra toujours de l'héritabilité des caractères que l'on cherche à améliorer, et de la structure du croisement de départ. Le passage par l'état haploïde permet également une simplification de l'analyse génétique : par exemple, dans le cas d'une mutation, la lecture directe de la mutation est possible à l'état haploïde. Il permet aussi une étude plus facile de l'effet de dosage des gènes, de la disjonction des caractères et de la localisation des gènes chez les lignées monosomiques. De plus, il facilite, aussi bien chez les espèces autogames que chez les espèces allogames, l'analyse de la « valeur en lignées » des croisements, c'est à- dire de la moyenne des lignées dérivables d'un croisement, et c'est aussi un outil de base très intéressant pour la sélection récurrente [31].

Un autre avantage pour l'utilisation des haploïdes c'est la taille de la population qu'il faut pour obtenir les génotypes désirés, comparé à la sélection à partir de la population F2, ainsi que l'économie du poids matériel des générations de fixations par rapport à la sélection pédigrée [34]

1.6.2.2. Limites de l'haplodiploïdisation

Chez certaines espèces, le taux de plantes haploïdes doublés obtenues est souvent trop faible pour que ces plantes puissent être utilisées dans un programme de sélection classique. Il y a en effet dans ce cas un risque élevé de perte d'allèles. L'haplodiploïdisation fixe immédiatement les produits d'une méiose et n'autorise donc plus d'autres recombinaisons. En revanche, la sélection généalogique et la bulk peuvent, chacune à leur façon, utiliser le reliquat de zones hétérozygotes qui subsiste au cours des générations précoces (F3, F4) sur les bras chromosomiques et dans lesquelles des crossing over efficaces peuvent avoir lieu [31].

GALLAIS [37], a montré par une étude de simulation par ordinateur qu'en haploïdisant trop tôt, on perdait des gènes favorables. Mais CHOO et al. [35], ont montré qu'en la plaçant simplement en F2, une grande partie de cet inconvénient disparaissait.

En contrepartie de l'avantage que constitue la formation rapide des lignées pures; une fois les haploïdes doublés obtenus, on a plus aucune réserve de plasticité génétique, telle qu'elle apparait encore fréquemment de la F5 à la F6 en sélection pédigrée [10].

Cependant, certains problèmes peuvent être surmontés comme suit :

On pourrait éviter la perte d'évènement de recombinaison en utilisant l'haploïdisation de façon récurrente.

Quant à la perte des gènes favorables, elle peut être limitée en rétrocroisant les haploïdes doublés issus de la F1 avec cette même F1, opération renouvelable à chaque génération [38].

1.6.2.3. Bilan de la création variétale par haplodiploïdisation

PICARD et al. [31], estiment peut-être à 250 000 environ le nombre d'haploïdes doublés créés annuellement dans l'ensemble des laboratoires privés et publics chez les seules espèces colza, blé tendre et orge.

Chez des familles aussi importantes que les crucifères, les céréales, les liliacées et les solanacées, l'haplodiploïdisation est couramment utilisée et de plus en plus largement dans les programmes de sélection publics ou privés. Il existe deux points de vue chez les sélectionneurs quant au meilleur stade d'insertion de l'haploïdie dans leurs schémas de sélection. Il y a ceux qui préfèrent haploïdiser tout de suite, dès la F1, puis rejeter par la suite dans les populations d'haploïde doublé obtenues plus de génotypes. La sélection dans ce cas suit strictement la fixation. Cette méthode est très certainement la plus efficace pour tous les caractères fortement soumis au milieu où la sélection en F2 n'est pas efficace. [39].

Il existe une méthode d'haploïdisation après une ou deux années de sélection généalogique au champ en F2, voire en F3. Cette méthode hybride est très certainement efficace pour les caractères héritables, elle permet ainsi au sélectionneur d'écarter rapidement des génotypes indésirables. Dans tous les cas, les produits sont des lignées homozygotes, donc plus aisément jugeables [40 ; 41].

Pour l'orge, par exemple, il y a une différence impressionnante entre la complexité des parcelles de lignées F3 ou F4 où il est toujours difficile de faire un choix à cause de la structure des plantes, et une série de lignées haploïdes doublées provenant du même croisement. Les lignées haploïdes doublées sont plus facilement typables. PICARD et al. [31], signalent que l'haploïdie a véritablement déjà joué son rôle biotechnologique, au sens où ces plantes ont servi l'industrie des semences et, plus généralement, ont apporté un progrès génétique. Mais, il leur semble qu'il convient de rester modeste, car le nombre de variétés issues de l'haplodiploïdisation est, somme toute, relativement faible encore, ne représentant qu'un tout petit pourcentage de la totalité des variétés mises sur le marché.

1.6.2.4. Le cas des espèces récalcitrantes

Malgré les résultats parfois spectaculaires de l'androgenèse ou des microspores isolées chez certaines espèces, il en existe qui restent récalcitrantes à l'androgenèse *in vitro* ou dont la réussite est partielle ou faible, voire nulle. Chez le blé dur, la phase d'induction des embryons androgénétiques se passe comme chez les espèces non récalcitrantes, telles que le blé tendre ou l'orge, mais les problèmes apparaissent pendant la phase de régénération où les embryons, pour la majorité des génotypes, ne régénèrent que des plantes albinos ou des racines [31].

1.6.2.5. Marquage de l'aptitude à l'haploïdie

SANGWAN et SANGWAN- NORREEL, [42], ont montré que le caractère récalcitrant ou favorable à l'androgenèse des espèces peut être marqué par la différenciation plus ou moins précoce des proplastes en amyloplastes au cours de la gamétogenèse mâle. Les espèces connues comme étant favorables à l'haploïdie *in vitro* n'accumulent de l'amidon dans leur pollen qu'au stade bicellulaire alors que cela se passe très précocement chez les espèces récalcitrantes, les amyloplastes étant observables pendant toute la gamétogenèse.

1.6.2.6. Les haploïdes doublés comme matériel idéal pour le marquage moléculaire

Si l'on fait le bilan de tous les grands programmes internationaux de marquage moléculaire chez les céréales, on peut observer qu'ils sont en grande partie basés sur des populations d'haploïdes doublés. C'est le cas notamment pour le programme nord-américain de marquage de l'orge, dont le matériel est constitué de quelques populations de 150 à 200 haploïdes doublés obtenues à partir des croisements de référence : Steptoe x Morex ou Harrington x TR-306 [43].

PICARD et al. [31], remarquent que les raisons d'un tel intérêt pour des populations d'haploïde doublée sont les suivantes :

a) L'haplodiploïdisation donne des lignées définitivement fixées à partir d'un croisement ; on parle de lignées « éternelles » ;

b) Le nombre d'individus génétiquement identiques chez un haploïde doublé étant quasiment illimité, cela permet une meilleure appréciation des interactions génotypes x milieux de ces lignées par le fait que l'on peut multiplier les répétitions

c) Contrairement aux analyses sur F2 ou back-cross, les haploïdes doublés permettent une utilisation de tout le polymorphisme, les gènes dominants et co-dominants pouvant être pris en compte et enfin *d)* les corrélations QTL x marqueurs pourront être estimées avec une meilleure précision en cas de faible héritabilité.

CARBONELL *et al.* [44], ont démontré, grâce à un modèle statistique, qu'avec une population de 250 haploïdes doublés on peut détecter dans 90 % des cas des QTLs individuels présentant une héritabilité très faible de 0.05 par exemple.

WENZEL et *al.* [45], ont montré non seulement que l'haplodiploïdisation est un outil utile en création variétale, mais qu'il doit également faire partie intégrante de tout programme de recherche en génétique de plantes comme les céréales.

Son rôle, tant dans le domaine du marquage moléculaire que dans celui de la transformation génétique, apparaît de plus en plus évident. Il ne fait aucun doute que, dans l'avenir, ce rôle ira en se renforçant [31].

<u>1.6.3. L'utilisation des haploïdes doublés (H.D) dans le cas de l'orge</u>

L'application majeure de l'haploïdie dans le cas de l'orge est d'aboutir génétiquement à des lignées homozygotes dans un temps le plus court possible. Cela peut se faire à partir des plantes hétérozygotes de la première génération F1 ou de la deuxième génération F2 [45].

Mais on compte d'autres applications de cette technique, à savoir :

- Faciliter les procédés de sélection tel que la sélection récurrente [36 ; 34] ;
- La fixation des gènes des caractères quantitatif afin d'atteindre l'homozygotie pour des allèles d'incompatibilité [42] ;
- L'identification des meilleurs croisements sur lesquels la sélection sera concentrée. [34]
- L'étude des mutations [45] ;
- La production des stocks aneuploïdes utilisés dans les études de la localisation des gènes [41].

Des rapports récents présentent d'autres applications de l'haploïdie chez l'orge, c'est l'étude de l'héritabilité des linkages et la génétique quantitative [39 ; 40]

CHAPITRE 2
LA SÉLECTION DE L'ORGE

2.1. L'objectif de la sélection

C'est l'identification de nouvelles lignées qui portent un ensemble de caractéristiques désirables leur permettant d'être adoptées comme variétés agricoles, sans de grands risques pour les producteurs. Elles doivent produire plus pour réduire les coûts de production au niveau de l'exploitation et surtout doivent se distinguer par une meilleure régularité des rendements en grains et une nette amélioration de la qualité du produit récolté [1].

La diminution des coûts de production en zones sèches et variables, passe par l'adoption des variétés relativement plus plastiques et plus adaptées qui valorisent des itinéraires techniques moins intensifs, et tolèrent un climat de nature variable [46].

2.2.1. La sélection pour améliorer la productivité et la stabilité du rendement

La productivité est définie comme l'aptitude de produire plus. C'est une notion relative. En sélection, elle présente souvent le rendement en grains. Une variété productive ne l'est en fait que par rapport à une autre variété qu'elle remplace et à laquelle elle est comparée. Cette dernière est alors utilisée comme témoin de référence. L'amélioration de la productivité ou du rendement en grains est généralement approchée de manière directe ou indirecte. La sélection directe utilise le rendement lui-même qui est mesuré après la récolte de la plante. La sélection indirecte utilise les composantes du rendement en grains et certains caractères liés qui conditionnent la réalisation de hauts rendements [47 ; 48].

L'élaboration du rendement implique l'enchainement de multiples mécanismes liés à la croissance et au développement des peuplements végétaux en relation avec les facteurs et conditions du milieu [1].

Comme pour le blé, les progrès en productivité de l'orge des 50 dernières années ont surtout concerné l'indice de récolte (rapport grain/ (paille + grain) = harvest index), par un transfert plus efficace des glucides et protéines dans le caryopse. Les situations anciennes où l'alimentation minérale permettait des rendements de 1 à 2 t/ha de grain sont en fait trop différentes des contextes actuels où 6 à 9 t /ha sont espérés pour que la comparaison de génotypes anciens et contemporains ait un sens. La vigueur végétative (plantes hautes en sol fertile) est en moyenne un avantage dans le premier cas [10].

OLMEDA-ARCEGA et al. [49], signalent que, depuis la domestication des céréales, l'amélioration du rendement en grains est le problème le plus vieux posé à la recherche agronomique. Ils ont arrivé à conclure que l'amélioration du rendement en grains s'est faite souvent de manière directe, sans de grandes préoccupations sur comment ce rendement en grains a été obtenu, ni les changements réalisés sur les caractères non concernés par la sélection.

CECCARELLI et al. [18], rapportent que le rendement en grains, mesuré après la récolte de la plante, est équivalent de productivité. Il est la résultante des différents mécanismes qui ont permis l'obtention d'un tel rendement. La sélection sur la base du rendement en grains, pratique généralisée en sélection, n'est efficace que si les conditions de milieu qui ont permis la réalisation d'un rendement en grains donné, se répètent de façon régulière.

Entre orges d'hiver à 2 rangs et 6 rangs, différentes expérimentations paraissent donner un avantage en productivité aux types à 6 rangs, qui se rapprochent par bien des aspects de l'idéotype « blé » défini par DONALD : gros épi fertile, et tallage assez limité. Un épi à 2 rangs, même très fertile et à gros grains, est plus léger, avec deux fois moins de grains, qu'un 6 rang. La compensation de ce handicap par un tallage accru se paie par une exploitation précoce des réserves en eau et minéraux du sol ; le bilan en fin de remplissage des grains devant alors être favorable aux 6 rangs.

De plus pour établir un nombre donné de grains/m^2, l'orge à 2 rangs doit taller davantage : le facteur tallage, très sensible aux données du milieu, est en fait mal contrôlé. Un déficit (mauvaise levée, tallage faible lié à une température élevée et à une montaison précoce) ou un excès (tallage excessif épuisant les réserves du sol et amenant la verse) se traduisent en moyenne par un rendement diminué [10].

BOUZERZOUR et DEKHILI [50], ont démontré l'inefficacité de la sélection directe sur la base des données d'une seule année dans les milieux contrastés, suite au faible coefficient de l'héritabilité du rendement en grains et à sa variation selon les environnements.

GRAFIUS [51], estime que l'efficacité de la sélection directe est liée au caractère utilisé comme critère de sélection qui doit être fortement joint au rendement en grains.

CANTRELL et HARO-ARIAS [52], ont effectué une sélection sur la base de la fertilité des épillets chez le blé dur (*Triticum durum Desf*). La réponse à la sélection est positive et significative conduisant à l'amélioration concomitante de la fertilité des épillets et celle de l'épi. Cependant l'effet indirect sur le rendement en grains était non significatif, ils notent une réduction du poids spécifique et du poids moyen de 1000 grains chez les lignées sélectionnées sur la base de cette caractéristique.

MCNEAL et *al*. [53], ont sélectionné sur la base de chacune des composantes du rendement: le nombre de grains par épi, le poids moyen du grain, le nombre d'épis par unité de surface, le nombre de grains par épillets et le rendement en grains, au cours de sept générations (F2-F8). Ils obtiennent une diminution du rendement en F4 suite à la sélection du rendement ; diminution qui se maintient jusqu'en F8.

PURI et *al*. [54], ont remarqué que la sélection sur la base des composantes de rendement est peu efficace à cause des phénomènes de compensation entre composantes. Ils mentionnent aussi le fait que la variation environnementale favorise l'expression d'une composante une année puis celle d'une autre composante, l'année suivante, ce qui réduit de l'efficacité de la sélection.

Ils ont mentionné qu'à cause des variations des conditions de croissance d'une année à l'autre, les corrélations phénotypiques sont très peu fiables pour être utilisées dans l'identification des caractères clés qui déterminent le rendement en grains sous climats variables.

SHARMA et SMITH [55], ont mené une sélection sur la base de l'indice de récolte dans trois populations F3. Ils trouvent des valeurs pour le coefficient de l'héritabilité réalisée qui varient de 40 à 60% avec des réponses positives et significatives pour le critère de sélection. La sélection d'un meilleur indice de récolte s'accompagne d'une réduction de la hauteur des plantes, de la durée semis- épiaison et de la biomasse aérienne produite au stade maturité.

BOUZERZOUR et al. [46], ont étudié l'efficacité de la sélection sur la base de la biomasse aérienne et celle de l'indice de récolte chez l'orge. Ils notent que cette sélection n'est pas efficace à cause des effets dus à la variation de la durée semis- épiaison. Ils observent une variation des caractères et de leurs niveaux de contribution à la réalisation de la biomasse aérienne. Ainsi certaines années, les épis/m^2 contribuent le plus à la biomasse aérienne, en années favorables, alors qu'en années sèches, ce rôle est plutôt dévolu à la hauteur de paille.

BAHLOULI [56], ont mené une sélection sur la base de la durée au stade épiaison. Il a observé que l'efficacité de cette sélection reste soumise à la variation climatique inter- annuelle. Ila noté aussi que l'efficacité de cette sélection est subordonnée à l'existence de la tolérance génétique au froid tardif chez le matériel sélectionné, dans le cas où on cherche à éviter la sécheresse de fin de cycle et à l'existence de la tolérance au déficit hydrique, si on cherche à éviter le gel printanier.

2.2.2. La sélection pour améliorer l'adaptation au milieu

La notion d'adaptation se confond parfois avec celles de résistance et de tolérance au stress. En fait l'adaptation n'est que la résultante de la tolérance aux contraintes. Une plante adaptée est donc celle qui tolère ou résiste à un stress donné et réussit à produire à un niveau satisfaisant par rapport à une autre plante qui sera dite non adaptée [57].

L'adaptation fait suite à l'action modificatrice des facteurs extérieurs qui influencent le comportement et la structure de la plante. L'adaptation est définie aussi comme la capacité d'une plante à croitre et à donner des rendements satisfaisants dans des zones sujettes à des stress de périodicités connues [58].

Selon les régions, la résistance à divers autres stress doit être considérée (sécheresse, salinité du sol, froid). La résistance au froid, chez les orges d'hiver surtout, est un problème en climat semi-continental. Le caractère est, comme chez le blé, complexe et fonction du stade d'endurcissement, de la profondeur du semis, du déchaussement... A la différence du blé, le seul critère de jugement réellement fiable est le taux de survie à la sortie de l'hiver, les dégâts sur les limbes foliaires étant des prédicteurs assez incertains chez l'orge. Des tests en conditions artificielles, reproductibles, sont possibles [10].

Les stress environnementaux, dont la salinité, constituent une limitation sérieuse du rendement des cultures en zones arides et semi-arides. Il existe cependant des indications chez les végétaux d'un potentiel génétique pour la tolérance aux stress environnementaux, établies sur la base de critères agronomiques tels que le rendement. En particulier, la variabilité manifestée par les espèces apparentées et les variétés, pour la résistance à la salinité, permet d'envisager la sélection de génotypes de blé adaptés au stress salin. Un programme d'amélioration nécessite l'exploitation d'une variabilité génétique associée à la mise en œuvre de tests permettant un tri à grande échelle des phénotypes recherchés, lesquels seront soumis à des essais de rendement au champ [59].

2.2.2.1 La sélection *in vitro* pour la tolérance aux stress

Puisque ces modifications se produisent somme toute assez fréquemment, elles sont actuellement étudiées dans le cadre d'expériences de sélection *in vitro*, au cours desquelles on soumet les microspores ou les cellules des sacs embryonnaires à des pressions de sélection dirigées : forte salinité, températures élevées [60]. L'objectif de telles recherches, proposées par exemple par LASHERMES [61], qui reposent non seulement sur la possibilité d'obtenir des vitrovariations, mais également sur la perspective de sélectionner au niveau gamétique et d'obtenir, à l'aide de ces processus d'haplodiploïdisation *in vitro*, réalisés dans des conditions stressantes, de nouvelles lignées tolérantes aux stress environnementaux (sécheresse, salinité, hautes températures, froids, etc.). Très peu de résultats ont été obtenus jusqu'à aujourd'hui dans ce domaine. Citons cependant les travaux de YE *et al.* [62], qui ont montré pour la première fois qu'une sélection *in vitro* était possible chez l'orge pour la résistance à la salinité.

2.2.3. La sélection pour améliorer résistance à la verse

JESTIN [10], estime que les conditions de milieu favorables à la croissance conduisent à un tallage exacerbé de l'orge, qui est une des causes de la verse. Le critère de résistance à la verse a été l'un des plus cruciaux à améliorer constamment, pour permettre des étapes renouvelées d'intensification de la culture. Ceci a été possible en raccourcissant la paille (gènes de 1/2 nanisme). L'utilisation de traitements raccourcisseurs chimiques (à base d'ethrel, chlorure de mépiquat. etc.) intervient plutôt comme outil d'appoint. Ce critère ne peut s'estimer que sur quelques dizaines de plantes, à l'abri d'effets de compétition intergénotypiques (en F3 ou après). Selon le degré de tallage, d'étiolement, le stade de lignification des chaumes lorsque survient un orage déclenchant la verse, il peut apparaitre des interactions génotype x milieu.

2.2.4. La sélection pour améliorer la résistance aux maladies

a- La mosaïque jaune

Cette virose, décrite dès 1940 au Japon, existe vraisemblablement à l'état endémique depuis longtemps en Europe, où elle a été clairement identifiée en ex-RFA, Grande-Bretagne et France entre 1978 et 1980, sur orge d'hiver uniquement. Répandue en France dans le quart nord-est, elle a été repérée aussi dans le Centre, le sud-ouest. Le virus est transmis par un champignon du sol, *Polymyxa graminis*.

Les symptômes, inégaux et fugaces selon les années, sont bien visibles en fin d'hiver à la reprise de la végétation : jaunisse avec nécrose et rabougrissement des plantes. Fin tallage, les symptômes peuvent s'atténuer ou disparaître. Une seconde souche, cohabitante, du complexe du virus, produit un autre symptôme de fine moucheture jaune pâle, de type mosaïque, sur les limbes, jusqu'à l'épiaison. Cette forme, transmissible mécaniquement, est appelée mosaïque modérée. Un raccourcissement du chaume de 20 à 30 cm est un autre signe marquant de l'infection, en comparaison de témoins résistants [10].

Des résistances monogéniques aux virus en cause — au virus de la mosaïque jaune (VMJO) BarleyYellowMosaïc Virus (BaYMV) et au virus de la mosaïque modérée (VMMO) ModerateMosaïc Virus (BaMMV) — ont été trouvées ; des variétés allemandes (Franka, Ogra, Birgit, Diana...) ou françaises (Marne, Neger, Ile de Ré et plusieurs 6 rangs anciennes) montrent cette résistance, contrôlée par un allèle récessif. Une nouvelle souche dénommée Y2 a été détectée en France et en ex-RFA en 1989. Des orges d'Extrême-Orient ont des gènes de résistance différents efficaces contre cette nouvelle souche [10].

b- La jaunisse nanisante

Les dégâts causés par ce virus (VJNO = virus de la jaunisse nanisante de l'orge) sont attestés depuis des décennies tant en Europe qu'en Amérique du Nord. Des pucerons contaminés (principalement *Rhopalosiphum padi L.*, également *Sitobium avenae* en France) sont les vecteurs de l'infection : des semis précoces d'orge favorisent l'attaque des plantules ainsi exposées aux vols de pucerons. La lutte précoce, sur semences ou dès la levée par des insecticides — traitements à répéter en cas d'hiver doux — peut être efficace, mais échoue assez souvent. La croissance racinaire est également entravée et les pertes de rendement peuvent être considérables (30 à 50 p.100 ou même plus)[10].

L'efficacité incertaine des insecticides a conduit très tôt à rechercher des résistances génétiques ou tolérances à ce virus, chez l'orge, où l'on a trouvé 2 gênes majeurs de résistance *yd1* et *yd2* [10].

c- L'oïdium

Parmi les parasites cryptogamiques de l'orge, l'oïdium reste encore, en dépit des fongicides, un des plus fréquents en culture, et des plus considérés par le sélectionneur. L'agent, *Erysiphe graminis DC. f. sp. hordie* est un parasite obligatoire non cultivable sur milieu artificiel. L'évolution des populations de ce parasite a fait l'objet de nombreuses études [10].

L'approche en sélection de cette maladie (stratégies d'utilisation des résistances, techniques d'évaluation) est très voisine de celle de l'oïdium du blé. Les résistances les plus durables à l'oïdium de l'orge, par des gènes majeurs, n'ont jamais dépassé 4 à 6 ans. Le recours à des géniteurs de résistance « horizontale » (variétés Blanco Mariout, Vada, Minerva, etc.) est souvent préconisé, ainsi que l'appel aux multilignées. Une résistance, induite par mutagenèse au locus *ml-o*, a la particularité d'être due à un gène majeur, que l'on a cru non spécifique de la race d'oïdium .Elle est récessive et protège la plante au stade de l'infection [10].

d- La rhynchosporiose

Cette maladie grave de l'orge, maintenant bien combattue par des fongicides, y compris par traitement des semences, est provoquée par un champignon imparfait de type semi-saprophyte, *Rhynchosporium secalis* Oudem Davis [10].

De nombreux travaux ont été conduits sur cette maladie pose un défi ardu au pathologiste comme au sélectionneur. En effet, malgré l'absence de reproduction sexuée attestée, le polymorphisme et la plasticité des populations de spores sont extrêmes.

Plusieurs gènes majeurs sont reconnus et, cependant, le schéma classique polymorphisme et la plasticité des populations de spores sont extrêmes. De ce fait la littérature sur la délimitation entre races, pathotypes, etc. est confuse. De manière encore plus déconcertante, des disjonctions clairement observées au stade plantule, en serre, après inoculation, ne recouvrent pas celles observées sur les mêmes plantes adultes. Les ségrégations au stade adulte sont atypiques et les travaux les plus récents établissent même que la résistance absolue à *R. secalis* n'existe, semble-t-il pas, puisque par des inoculations répétées on finit par pouvoir infecter presque n'importe quel génotype d'orge. La capacité de variation des populations de parasite a été montrée, ainsi que l'intervention d'une hérédité quantitative, difficile à analyser [10].

e- Les helminthosporioses de l'orge

L'helminthosporiose causée par le champignon *Pyrenophera* (ou *Dreschlera Helminthosporium teres*) affecte les cultures d'orge en zones humides et pluvieuses où la culture revient souvent sur elle-même. En fonction de la sensibilité des variétés, les pertes de rendement atteignent couramment 10 à 30 p.100 [10].

Des géniteurs de résistance ont été détectés chez l'orge (Arivat, Banteng, CI 5791...). Les conditions de milieu affectent souvent la réaction des plantes à *P. teres*, ce qui nuit à l'efficacité de la sélection. Trois gènes de résistance dominants (*Pt, Pt2...*) ont été identifiés chez l'orge [10].

f- <u>Les rouilles</u>

La rouille naine ou brune est due à *Puccinia hordei Otth* ; ses urédies petites et subcirculaires ont une couleur rouille à brun orangé (leaf rust ou brown rust en anglais). Plusieurs gènes majeurs de résistance (*Pa1* à *Pa9*) ont été identifiés et utilisés en sélection, mais ces défenses sont actuellement toutes contournées, d'où la tentative de développer des résistances plus stables, non spécifiques d'une race donnée de rouille naine [10].

La résistance à la rouille naine comme celle à la rouille jaune est rarement un critère de tout premier plan dans la sélection de l'orge à l'Ouest de l'Europe ; les risques présentés par ces maladies ne sont pourtant pas négligeables, quoique moins graves que les rouilles du blé (épidémiologie et conduite de sélection analogues) [10].

La rouille jaune provoquée par *P. striiformis* West (stripe rust ou yellow rust en anglais) est plus précoce en saison, par temps plus frais. Ses urédies jaune vif sont alignées en pointillé entre les nervures des limbes (et sur épi). La rouille noire (*P. graminis*) est assez rare chez Forge et peu considérée en sélection [10].

<u>2.2.5. La sélection assistée par des marqueurs moléculaires.</u>

La sélection assistée par des marqueurs (SAM) devient de plus en plus un complément nécessaire aux schémas de sélection classique d'amélioration des céréales [41].

Cette technique concerne différents domaines :

- l'identification des génotypes pour des caractères mono-géniques très influencés par le milieu.

- Le contrôle de la recombinaison par l'identification d'une part des individus les plus complémentaires à croiser entre eux, et d'autres part, des transgressants les plus favorables.

- La gestion de la variabilité des ressources génétiques.

- La prédiction des valeurs génotypiques pour des caractères complexes.

- La prédiction de la valeur d'un croisement à partir d'informations sur les parents.

Cette technique a été utilisée de manière avantageuse dans l'amélioration de la résistance aux maladies et aux insectes [64]. Les marqueurs sont, en effet, considérés comme des caractères liés au caractère principal à sélectionner. PATERSON et al. [65], montrent l'existence de QTL (quantitative traits loci) spécifiques pour l'adaptation à certains milieux. Pour obtenir donc, des variétés stables, il faut accumuler dans un même fond génétique, le maximum de QTL d'adaptation. La SAM devrait permettre de construire plus rapidement et avec plus de sécurité de tels génotypes.

Selon GALLAIS [66], en présence d'interaction génotype x milieu, l'introduction des marqueurs permettra d'augmenter la valeur de l'héritabilité dans chaque lieu test et permet de voir les adaptations spécifiques et de repérer donc les QTL d'adaptation. Il devient donc possible de sélectionner simultanément et efficacement sur la performance moyenne et sur la stabilité des performances.

CHAPITRE 03
MATERIÉL ET MÉTHODES

3. 1. Objectif de l'essai

L'essai porte sur l'évaluation d'identifier de lignées haploïdes doublés d'orge, afin les les plus productives et des zones semi plus adaptées aux conditions climatiques arides.

3. 2. Présentation de l'expérimentation

Cet essai a été réalisé dans le cadre d'un projet de recherche (PNR4) de **l'INRAA** soumis dans le PNR biotechnologie.

Le matériel végétal utilisé (lignées haploïdes doublées) dans notre essai a été obtenu par l'équipe « **Amélioration génétique de l'orge** » de la **Division Biotechnologique et Amélioration des Plantes (INRAA)**.

Le dispositif expérimental a été proposé par l'équipe du projet, l'installation de l'essai et son entretien ont été assurés par la station de l'**ITCG** d'El Khroub.

L'essai a été réalisé à la station expérimentale de l'Institut Technique des Grandes Cultures (**I.T.G.C**) d'El-kheroub (Constantine). Elle se situe à 4 km au sud-est du chef-lieu de la wilaya.

Latitude : 36.260, longitude 6°.666, altitude 640m.

3. 2.1. Conditions climatiques

_ Analyse climatique (pluviométrie et températures) de la campagne 2010/2011).

Globalement, la pluviométrie cumulée à Constantine durant la campagne agricole 2010/2011 a été nettement supérieure à celle de la campagne précédente (593,1 mm de septembre à juin contre 503.6 mm); un écart positif de 89,5 mm est enregistré (tableau n°1). En comparaison avec la moyenne ONM (sur 25 années) qui est de 486,5 mm, on constate que cette campagne a été d'une façon générale excédentaire de 106,6 mm.

L'analyse mensuelle , laisse donc apparaître un début de campagne relativement humide, ce qui nous a permis de bien finir le lit de semence et d'avoir une bonne installation de la culture.

Ce qu'il faut signaler, c'est que la plante n'a pas manqué d'eau depuis son apparition (levée) et ce jusqu'à la récolte. Il y avait suffisamment de pluies chaque mois.

Cependant, il y a lieu de remarquer que si la pluviométrie de la campagne actuelle a été généreuse et satisfaisante en considérant le cumul total, elle n'a pas été bien répartie durant la saison.

En fait, on comptabilise 161.8 mm pour la période allant de septembre à fin Novembre, ce qui correspond à la période de reprise des labours et finition du lit de semence. La partie de cette quantité d'eau qui reste stockée dans le sol n'est pas utilisée par la plante puisque le semis n'a pas encore été réalisé.

Durant les mois de Décembre et Janvier, où seulement 33.7 et 12.6 mm de pluie sont tombés (quelquefois sous forme de neige), on remarque une faible quantité d'eau pour des mois qui sont habituellement humides. Les semis qui ont eu lieu en général en décembre, n'ont pas été assez arrosés si ce n'est les quantités stockées préalablement.

Le mois de Février a, par contre, été trop humide en atteignant un cumul mensuel de 190.4 mm (un record jamais égalé). Le printemps (mars à mai) a été assez bien arrosé (170.4 mm au total) avec une répartition convenable qui a été très bénéfique aux plantes (développement et remplissage du grain). L'humidité de cette période ajoutée aux températures clémentes qui ont prévalu durant cette période ont accéléré le développement de plusieurs maladies cryptogamiques.

Les pluies de juin (24.2 mm) ont affecté négativement les orges qui étaient arrivées à maturité par la repousse de tardillons qui ont retardé la récolte.

Les températures ont été saisonnières dans l'ensemble; elles ont été relativement un peu plus fraîches en hiver. Les minima mensuels étaient de 2 à 4°c de décembre à mars avec une occurrence de 21 jours de gelée (températures en dessous de 0°c).

3. 2.1.1. Pluviométrie

Tableau 3.1 Précipitations de la campagne 2010/2011

Mois	Précipitations (mm) 2010/2011
Septembre	37.3
Octobre	48.1
Novembre	76.4
Décembre	33.7
Janvier	12.7
Février	190.4
Mars	63.4
Avril	66.4
Mai	40.6
Juin	24.2
Total	593.1

3. 2.1.2. Température

Tableau 3.2. Températures mensuelles enregistrées durant la campagne 2010/2011

Temperature / Temps	Sep	Oct	Nov	Déc	Jan	Fév	Mars	Avr	Mai	Juin
Moy. max (C°)	28.7	24	17.1	15	13.19	9.42	16.13	21.96	24.23	-
Moy. min (C°)	14.3	10.4	6.8	3.1	2.09	2.13	4.8	7.86	9.86	-
Moy. (C°)	20.6	16.4	11.6	8.2	7.07	5.48	9.86	14.46	16.83	-

Les températures moyennes varient entre 24.5°C au mois de Juin et 7.07°C au mois de Janvier, qui correspondent respectivement au mois le plus froid et le plus chaud de la campagne agricole 2010-2011 (tableau 4.2).

3.2.1.3. Diagramme ombro-thermique

Le diagramme ombro-thermique est une représentation graphique qui met en relation la pluviosité et la moyenne des températures mensuelles, la durée et l'intensité de la période sèche lorsque la pluviosité est inférieure ou égale au double des températures.

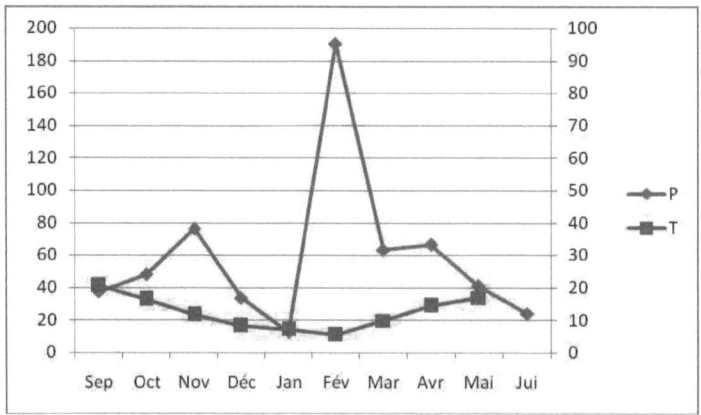

Figure 3.1. Diagramme ombro-thermique de la campagne 2010-2011

Le diagramme (figure 4.1) illustre la durée des périodes sèche et humide de la campagne agricole 2010-2011. La période humide s'étale sur environ sept (07) mois, d'octobre 2010 à mi-avril 2011, mais il y avait des périodes déficitaires en pluie comme le mois de janvier où les précipitations n'ont pas dépassé les 12,7mm.

3.2.2. Conditions édaphiques

La texture du sol du site expérimentale est argilo-calcaire.

3.3. Protocole expérimental

L'essai est composé de deux dispositifs expérimentaux :

- Le premier dispositif (**T*E**) comprend 25 lignées haploïdes doublés issues de deux parents **Tichedrett et Express**, en blocs aléatoires complets, avec trois répétitions, chaque bloc contient 27 microparcelles (25 lignées et les deux parents). Donc le diapositif est constitué de 81 microparcelles.

- Le deuxième dispositif (**T*P**) comprend 6 lignées haploïdes doublées issues de deux parents **Tichedrett et Plaisante**, en blocs aléatoires complets, avec trois répétitions, chaque bloc contient 8 microparcelles. Donc le diapositif est constitué de 24 microparcelles

- Les dimensions des microparcelles sont d'une superficie de **7.2 m²**.

- La superficie totale nette du dispositif (**T*E**) est de **583.2 m²**.

- La superficie totale nette du dispositif (**T*P**) est de **172.8 m²**.

- La superficie globale nette de l'essai est de **756 m²**.

3.4. Itinéraire technique

3.4.1. Précédent cultural

Le précédent cultural était une culture de légumineuse fourragère. 3.4.2. Travail du sol

Les opérations culturales ont été effectuées dans l'ordre chronologique suivant :

- **Aout 2010** : déchaumage avec un outil a dent.

- **Septembre 2010** : labour avec un scarificateur.

- **Octobre 2010** : recroisage premier passage avec un cover crop.

- **Novembre 2010** recroisage deuxième passage avec un cover crop.

- **Avant semis** : préparation de lit de semence par deux passages avec roto-herse.

3.4.3. Semis

Il a été réalisé le **04/01/2011** à une densité de 275 graines par m² avec un semoir expérimental de 1.20 m de largeur, à raison de six (06) lignes par microparcelle, à une profondeur de 3 cm.

3.4.4. Fertilisation

3.4.4.1. Fumure de fond

Comme fumure de fond nous avons apporté le **TSP** (Super phosphate 46) après le labour, le à raison de 1 q/ha.

3.4.4.2. Fertilisation azotée

La fumure azotée a été apportée sous forme d'Urée 46% à raison de 1 q/ha le **28/03/2011**

3.4.5. Récolte

La récolte des microparcelles a été effectuée manuellement le **28/06/2011**. Le reste des parcelles élémentaires a été récolté avec une moissonneuse expérimentale.

3.5. Méthodologie d'étude

3.5.1. Caractères morphologiques

Longueur de l'épi

Cette mesure a été effectuée sur 20 épis.

La longueur de l'épi est mesurée à partir de la base de l'épi jusqu'à son extrémité supérieure (les barbes ne sont pas comprises).

Longueur des barbes

Cette mesure a été effectuée sur 20 épis.

Sur les mêmes épis, nous avons mesuré la longueur des barbes à partir de l'extrémité supérieure de l'épi jusqu'à celle des barbes.

Hauteur de la tige

Les mesures ont été effectuées sur un groupe de plants au hasard au niveau de chaque microparcelle. La hauteur est considérée comme étant la longueur depuis le collet jusqu'à la base de l'épi. Cette mesure est effectuée au stade de maturité du grain.

3.5.2. Caractères agronomiques

Nombre de grains par épi

Le nombre de grains par épi a été déterminé après égrenage manuel des 20 épis.

Le poids de grain de l'épi :

Cette mesure consiste à peser les grains de chaque épi.

Nombre de pieds levés par mètre carré

Cette opération correspond à la levée de la plupart des plants de l'essai.

A l'aide d'un carré de 1m² nous avons réalisé le comptage des plants contenus dans le carré ; ce carré est déposé au hasard dans les microparcelles toute en évitant les bordures

Nombre de pieds levés par mètre carré à la sortie d'hiver

Ce comptage à pour objectif d'estimer les pertes causées par les gelées hivernales et les cas d'hydromorphie.

À la sortie d'hiver qui correspond au stade « tallage », nous avons compté le nombre de pieds levés contenus dans le carré dans chaque microparcelle.

Nombre d'épis par mètre carré

C'est la composante du rendement la plus explicative d'où l'intérêt de la noter avec précision. Sur chaque microparcelle, nous avons compté le nombre d'épis par mettre carré, au stade « épiaison » en faisant attention aux tiges des graminées adventices.

Il faut compter à mi-hauteur des plants pour vérifier qu'il y a bien des épis au sommet de la tige tout en évitant les petites épiochons

Poids de 1000 grains (PMG)

Après la récolte de chaque placette nous avons prélevé un échantillon de grains, puis nous avons procédé au comptage manuel de 250 graines. Ces grains ont été ensuite pesés avec une balance de précision ; les résultats obtenu est, ensuit, multiplier par quatre (*4) pour obtenir le poids de milles graines.

3.5.3. Les Rendements

Rendement en biomasse

Après récolte, les pieds de chaque placette ont été pesés. Les valeurs obtenues sont exprimées en gramme par m².

Rendement en paille

Après avoir déterminé le rendement de la biomasse aérienne, les tiges sont débarrassées de leurs épis puis pesées. Les valeurs sont exprimées en gramme par m².

Rendement en grain calculé

Ce rendement est déterminé à partir de la formule suivante

RGC g/m² = (Nombre d'épis / m² x Nombre de grains / épi x Poids de milles grains)/1000

Rendement en grain réel

Après battage, les grains de chaque microparcelle élémentaire ont été pesés, et les valeurs obtenues sont exprimées en gramme par m².

Indice de récolte

Cet indice est estimé à partir de la formule suivante

Indice de récolte = Rendement en grains de la parcelle/ Poids de la matière sèche totale

Cet indice nous permet de connaitre la part du rendement en grain d'une variété donnée par rapport à son rendement total en matière sèche pour la mieux exploiter pour les besoins humains, les besoins du bétail ou les deux à la fois.

3.5.4. Etude des corrélations

Les corrélations existantes entre les différents caractères et les lignées sont mises en évidence par une analyse en composantes principales (ACP) à l'aide du logiciel PAST vers 1.9. Dans ce type de test, les différents caractères et les lignées ont des coordonnées comprises entre − 1 et + 1 et appartiennent à un cercle de corrélation. L'interprétation de l'ACP se fait à partir de l'examen du cercle des corrélations et de la position du statut des variables sur les axes factoriels.

A partir des coordonnées des variables et facteurs dans les deux premiers axes de l'analyse en composantes principales, une classification ascendante hiérarchique est réalisée dans le but de détecter les groupes corrélés à partir des mesures de similarité calculées à travers des distances euclidiennes entre les coordonnées des variables quantitatives étudiées

Traitement statistique des données

Les données recueillies ont fait l'objet d'une analyse de la variance, de comparaison des moyennes et d'une étude de la corrélation.

Analyse de la variance

L'analyse de variance permet de tester la similitude de variable en termes statistiques. L'effet variable est significatif lorsque la probabilité de l'erreur réellement commise est :

i. P = 0.001 Très hautement significatif.

ii. P = 0.01 Hautement significatif.

iii. P = 0.05 Significatif.

L'analyse de la variance effectuée est à deux critères de classification (blocs et traitements). Les moyennes sont comparées à l'aide du test de Newman-Keuls, lorsque cela est nécessaire (différences au moins significatives) pour constituer des groupes homogènes au seuil 5 %.

<u>Logiciels utilisés</u>

1. Microsoft Office Excel pour le traitement des données et la réalisation des histogrammes ;

2. Pour la méthode d'analyse de la variance, nous avons utilisé le logiciel **SYSTAT** et la probabilité de 5%, comme seuil de signification. Dans le cas où les différences s'avèrent significative un test Newman et Keuls s'impose, ce test est réalisé par **SPSS IBM**.

3. Pour l'étude de la corrélation, nous avons utilisé le logiciel **Past**.

CHAPITRE 04
RÉSULTATS ET INTERPRÉTATIONS

4.1. Dispositif expérimental Tichedrett et Express (T*E)

4.1.1. Caractères morphologiques

4.1.1.1. Longueur de l'épi

Les valeurs moyennes de la longueur de l'épi et l'interprétation statistique des résultats sont consignées dans le tableau 4.1.

Le tableau de l'analyse de la variance de la longueur de l'épi est porté en annexe.

Tableau 4.1. Valeurs moyennes de la longueur de l'épi de lignées étudiées (cm)

lignées	Longueur de l'épi (cm)	Groupes homogènes	Interprétation statistique
HD46	5,56	ABC	
HD21	6,43	A	
HD45	5,63	ABC	
HD2	5,20	ABCD	
HD12	4,72	CD	
HD14	5,54	ABC	
T	4,16	D	
HD35	5,65	ABC	
HD26	5,29	ABCD	
HD5	5,10	ABCD	
HD24	4,72	CD	
HD37	6,32	AB	Effets variétés : THS
HD30	5,22	ABCD	
HD40	5,45	ABCD	Effets blocs : HS
HD43	4,85	CD	
HD13	4,78	CD	C.V : 7,5 %
HD38	5,38	ABCD	
E	4,96	CD	
HD25	5,04	BCD	
HD19	5,07	BCD	
HD10	5,15	ABCD	
HD11	5,50	ABCD	
HD16	5,24	ABCD	
HD1	5,97	ABC	
HD31	5,63	ABC	
HD15	5,50	ABCD	
HD39	5,37	ABCD	

La figure 4.1 illustre les valeurs de ce paramètre.

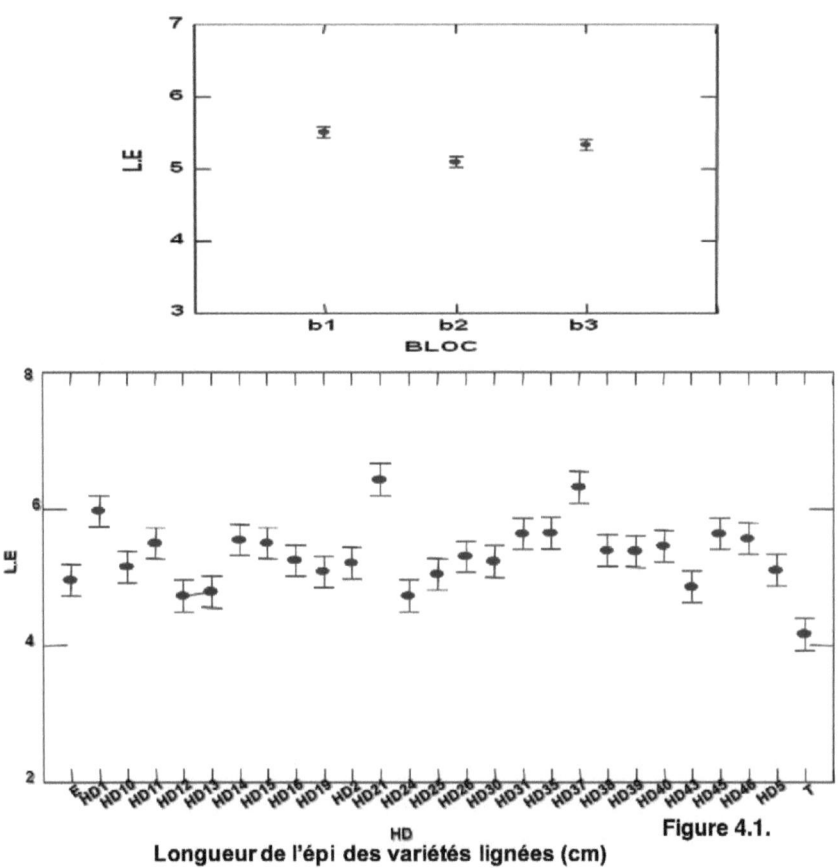

Figure 4.1. Longueur de l'épi des variétés lignées (cm)

L'analyse de la variance montre une différence très hautement significative entre les lignées, et hautement significative entre les blocs.

Le test de Newman-Keuls fait ressortir quatre groupes distincts et qui se chevauchent pour les lignées :HD46, HD45, HD2, HD12, HD14, HD35, HD26, HD5, HD24, HD37, HD30, HD40, HD43, HD13, HD38, E, HD25, HD19, HD10, HD11, HD16, HD1, HD31, HD15, HD39.

HD21 (6,43cm) présente la longueur de l'épi la plus élevée. La valeur la plus faible est notée chez le parent Tichedrett (4.15cm).

4.1.1.2. Longueur des barbes

Les valeurs moyennes de la longueur des barbes et l'interprétation statistique des résultats sont consignés dans le tableau 4.2.

Le tableau de l'analyse de la variance de la longueur des barbes est porté en annexe.

Tableau 4.2. Valeurs moyennes de la longueur des barbes (cm)

Lignées	Longueur de barbe (cm)	Groupes homogènes	Interprétation statistique
HD46	11,90	AB	
HD21	12,08	AB	
HD45	12,52	AB	
HD2	11,70	B	
HD12	11,74	B	
HD14	12,80	AB	
T	13,48	A	
HD35	11,87	B	
HD26	12,90	AB	
HD5	12,20	AB	
HD24	12,53	AB	
HD37	12,43	AB	Effets variétés : THS
HD30	12,49	AB	
HD40	11,31	B	Effets blocs : THS
HD43	11,60	B	
HD13	12,38	AB	C.V : 3.63 %
HD38	11,72	B	
E	12,58	AB	
HD25	11,73	B	
HD19	12,95	AB	
HD10	11,95	AB	
HD11	12,21	AB	
HD16	12,69	AB	
HD1	12,58	AB	
HD31	12,09	AB	
HD15	12,78	AB	
HD39	11,60	B	

La figure 4.2. illustre les valeurs de ce paramètre.

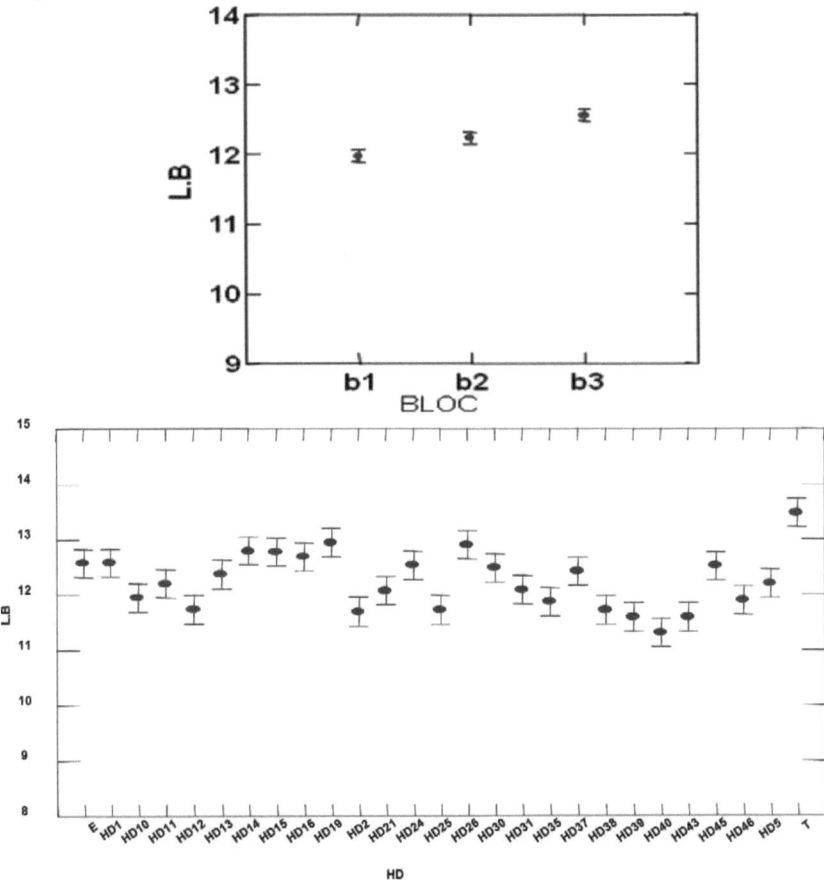

Figure 4.2. Longueur des barbes des lignées étudiées (cm)

L'analyse de la variance montre une différence très hautement significative entre les lignées pour ce paramètre et une différence très hautement significative entre les blocs. Le classement des moyennes nous a donné deux groupes homogènes qui se chevauchent pour les lignées : HD46, HD21, HD45, HD14, HD26, HD5, HD24, HD37, HD30, HD13, E, HD19, HD10, HD11, HD16, HD1, HD31, HD15.

Le parent Tichedrett (13,48cm) présente la longueur des barbes la plus élevée, tandis que HD 40 possède les barbes les plus courtes (11,31cm).

4.1.1.3. Hauteur de la tige

Les valeurs moyennes de la hauteur de la tige et l'interprétation statistique des résultats sont consignées dans le tableau 4.3.

Le tableau de l'analyse de la variance de la hauteur de la tige est porté en annexe.

Tableau 4.3. Valeurs moyennes de la hauteur de la tige (cm)

lignées	Hauteur de la tige	Groupes homogènes	Interprétation statistique
HD46	87,33	AB	
HD21	95,67	AB	
HD45	87,00	AB	
HD2	93,00	AB	
HD12	88,00	AB	
HD14	85,00	B	
T	94,00	AB	
HD35	85,67	AB	
HD26	99,00	A	
HD5	86,33	AB	
HD24	84,67	B	Effets variétés : THS
HD37	91,00	AB	
HD30	86,00	AB	Effets blocs : THS
HD40	87,67	AB	C.V :
HD43	85,33	B	3.92 %
HD13	82,67	B	
HD38	86,67	AB	
E	88,33	AB	
HD25	85,67	AB	
HD19	84,00	B	
HD10	88,67	AB	
HD11	91,33	AB	
HD16	86,67	AB	
HD1	86,00	AB	
HD31	94,33	AB	
HD15	83,33	B	
HD39	86,00	AB	

La figure 4.3. illustre les valeurs de ce paramètre.

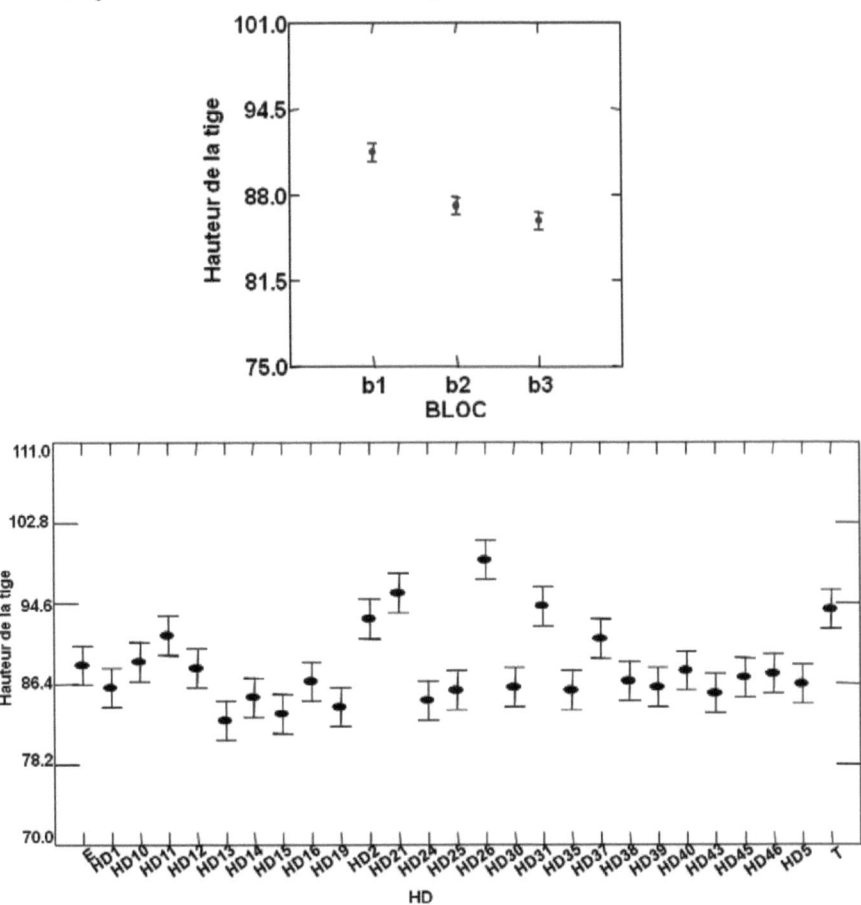

Figure 4.3. Hauteurs de la tige de lignées étudiées (cm)

L'analyse de la variance montre une différence très hautement significative entre les lignées étudiées et une différence très hautement significative entre les blocs. Le test de Newman-Keuls fait ressortir deux groupes homogènes qui se chevauchent pour les lignées : HD46, HD21, HD45, HD2, HD12, T, HD35, HD5, HD37, HD30, HD40, HD38, E, HD25, HD10, HD11, HD16, HD1, HD31, HD39.

HD26 (99 cm) présente la hauteur de la tige la plus élevée, la valeur la plus faible est notée chez HD13 (82.67cm).

4.1.2. Caractères agronomiques

4.1.2.1. Nombre de grains par épi

Les valeurs moyennes du nombre de grains par épi et l'interprétation statistique des résultats sont consignées dans le tableau 4.4.

Le tableau de l'analyse de la variance du nombre de grains par épi est porté en annexe.

Tableau 4.4. Valeurs moyennes du nombre de grains par épi des lignées étudiées

Lignées	nombre de grains par épi	Groupes homogènes	Interprétation statistique
HD46	37,33	AB	
HD21	31,33	AB	
HD45	35,02	AB	
HD2	33,60	AB	
HD12	40,25	A	
HD14	35,43	AB	
T	38,97	AB	
HD35	34,02	AB	
HD26	34,17	AB	
HD5	36,33	AB	
HD24	34,05	AB	
HD37	36,23	AB	
HD30	32,57	AB	Effets variétés : HS
HD40	27,63	B	Effets blocs : NS
HD43	32,50	AB	
HD13	29,15	AB	C.V :
HD38	29,93	AB	11,52 %
E	31,42	AB	
HD25	33,38	AB	
HD19	33,67	AB	
HD10	31,38	AB	
HD11	36,17	AB	
HD16	32,53	AB	
HD1	36,13	AB	
HD31	34,53	AB	
HD15	30,48	AB	
HD39	28,47	AB	

La figure 4.4 illustre les valeurs de ce paramètre.

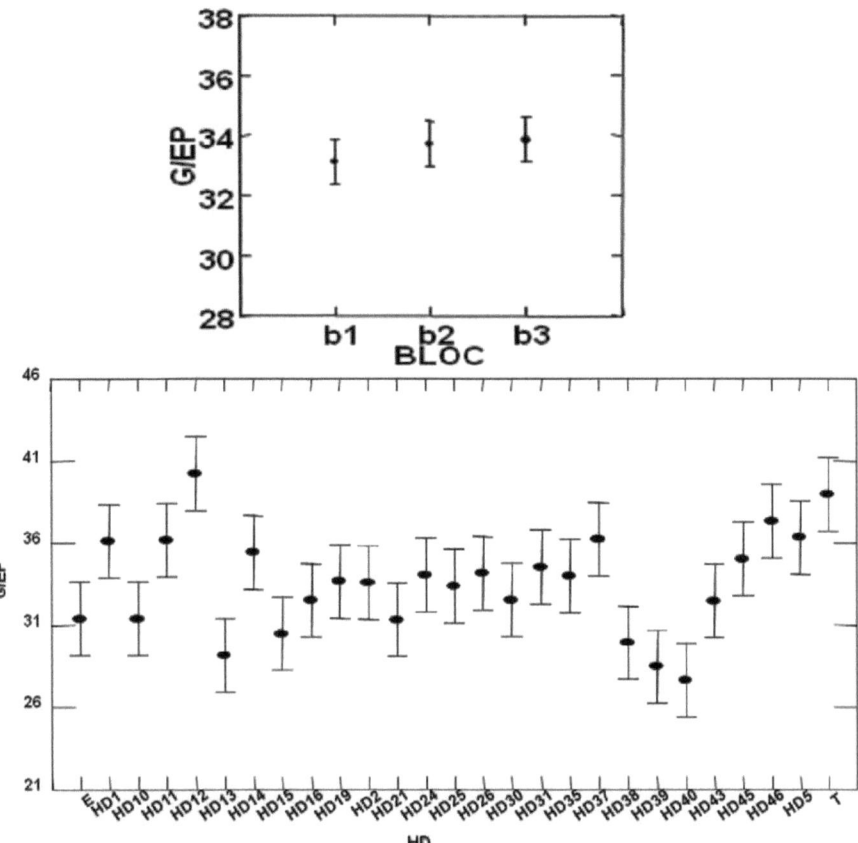

Figure 4.4. Nombre de grains /épi des lignées étudiés

L'analyse de la variance montre une différence hautement significative entre les lignées, et la différence entre les blocs est non significative. Le classement des moyennes nous a donné deux groupes homogènes qui se chevauchent pour les lignées : HD46, HD21, HD45, HD2, HD14, T, HD35, HD26, HD5, HD24, HD37, HD30, HD43, HD13, HD38, E, HD25, HD19, HD10, HD11, HD16, HD1, HD31, HD15, HD39.

HD12 présente le nombre de grains par épi le plus élevée (40.25), la valeur la plus faible est notée chez HD40 (27.63).

4.1.2.2. Le poids de grain de l'épi

Les valeurs moyennes du poids de grain de l'épi et l'interprétation statistique des résultats sont consignées dans le tableau 4.5.

Le tableau de l'analyse de la variance du poids de grain de l'épi est porté en annexe.

Tableau 4.5. Valeurs moyennes du poids de grain de l'épi (g)

lignées	poids de grain de l'épi (g)	Groupes homogènes	Interprétation statistique
HD46	1,60	AB	
HD21	1,52	B	
HD45	1,72	AB	
HD2	1,68	AB	
HD12	1,73	AB	
HD14	1,74	AB	
T	2,15	A	
HD35	1,64	AB	
HD26	1,60	AB	
HD5	1,72	AB	
HD24	1,69	AB	Effets variétés : HS
HD37	1,91	AB	
HD30	1,37	B	Effets blocs : NS
HD40	1,43	B	C.V :
HD43	1,50	B	12,6 %
HD13	1,45	B	
HD38	1,49	B	
E	1,70	AB	
HD25	1,74	AB	
HD19	1,70	AB	
HD10	1,62	AB	
HD11	1,92	AB	
HD16	1,49	B	
HD1	1,66	AB	
HD31	1,55	AB	
HD15	1,44	B	
HD39	1,42	B	

La figure 4.5 illustre les valeurs de ce paramètre

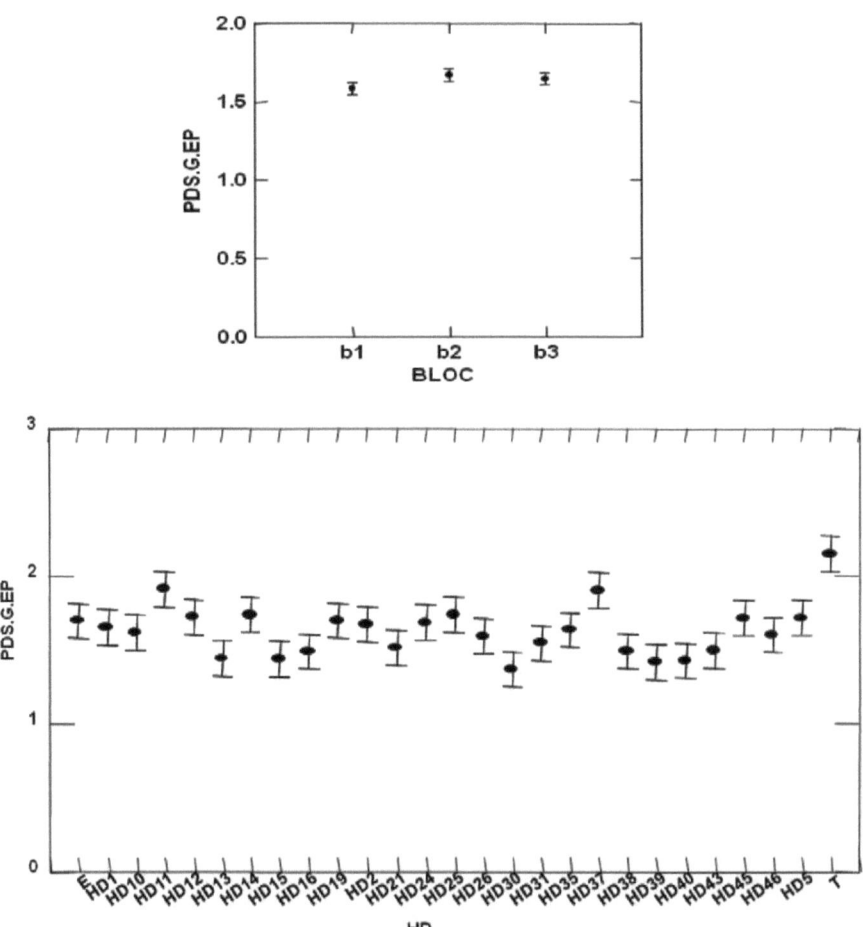

Figure 4.5. Poids de grain de l'épi des lignées étudiés

L'analyse de la variance montre une différence hautement significative entre les lignées, et la différence entre les blocs est non significative. Le test de Newman-Keuls fait ressortir deux groupes homogènes qui se chevauchent pour les lignées : HD46, HD45, HD2, HD12, HD14, HD35, HD26, HD5, HD24, HD37, E, HD25, HD19, HD10, HD11, HD1, HD31.

Le parent Tichedrett présente le poids de grains de l'épi le plus élevée (2.15g), le poids le plus faible est noté chez HD30 (1.37g).

4.1.2.3. Poids de mille grains (PMG)

Les valeurs moyennes du poids de mille grains et l'interprétation statistique des résultats sont consignées dans le tableau 4.6.

Le tableau de l'analyse de la variance du poids de mille grains est porté en annexe.

Tableau 4.6. Valeurs moyennes du poids de mille grains des lignées étudiées (g)

lignées	PMG (g)	Groupes homogènes	Interprétation statistique
HD46	44,40	GH	
HD21	46,67	CDEFGH	
HD45	47,60	BCDEFGH	
HD2	48,27	ABCDEFG	
HD12	45,60	EFGH	
HD14	48,27	ABCDEFG	
T	49,87	ABCDE	
HD35	46,67	CDEFGH	
HD26	47,20	BCDEFGH	
HD5	45,73	DEFGH	
HD24	50,40	ABC	Effets variétés : THS
HD37	47,60	BCDEFGH	
HD30	43,73	H	Effets blocs : NS
HD40	50,13	ABCD	C.V : 3.12 %
HD43	45,07	FGH	
HD13	51,33	AB	
HD38	50,53	ABC	
E	52,40	A	
HD25	52,40	A	
HD19	48,27	ABCDEFG	
HD10	49,33	ABCDEF	
HD11	52,27	A	
HD16	46,80	CDEFGH	
HD1	45,33	FGH	
HD31	46,67	CDEFGH	
HD15	47,07	BCDEFGH	
HD39	48,13	ABCDEFG	

La figure 4.6 illustre les valeurs de ce paramètre

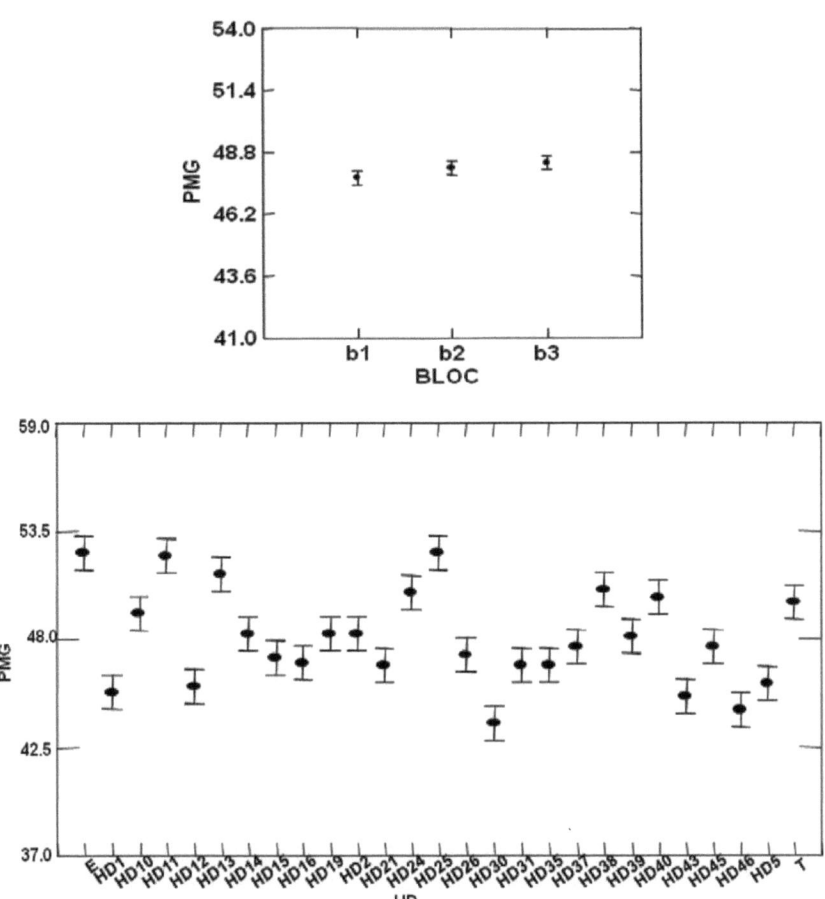

Figure 4.6. PMG de lignées étudiées (g)

L'analyse de la variance montre un effet très hautement significative entre les lignées étudiées, et une différence non significatif entre les blocs. Le test de Newman-Keuls fait ressortir huit groupes homogènes qui se chevauchent pour les lignées : HD46, HD21, HD45, HD2, HD12, HD14, T, HD35, HD26, HD5, HD24, HD37, HD40, HD43, HD13, HD38, HD19, HD10, HD16, HD1, HD31, HD15, HD39,

HD25 présente le poids de mille grains le plus élevé (52.40g), la valeur la plus faible est notée chez HD30 (43.73g).

4.1.2.4. Nombre de pieds levés par mètre carré

Les valeurs moyennes du nombre de pieds levé par mètre carré et l'interprétation statistique des résultats sont consignées dans le tableau 4.7.

Le tableau de l'analyse de la variance du nombre de pieds par mètre carré est porté en annexe.

Tableau 4.7. Valeurs moyennes du nombre de pieds levés par m² des lignées étudiées

lignées	nombre de pieds levés/m²	Groupes homogènes	Interprétation statistique
HD46	133,33	AB	
HD21	118,33	AB	
HD45	161,67	A	
HD2	141,67	AB	
HD12	135,00	AB	
HD14	121,67	AB	
T	133,33	AB	
HD35	146,67	AB	
HD26	110,00	AB	
HD5	155,00	AB	
HD24	106,67	AB	Effets variétés : HS
HD37	78,33	B	
HD30	118,33	AB	Effets blocs : NS
HD40	121,67	AB	C.V :
HD43	103,33	AB	19.90 %
HD13	106,67	AB	
HD38	90,00	AB	
E	138,33	AB	
HD25	125,00	AB	
HD19	143,33	AB	
HD10	106,67	AB	
HD11	96,67	AB	
HD16	126,67	AB	
HD1	106,67	AB	
HD31	140,00	AB	
HD15	141,67	AB	
HD39	165,00	A	

La figure 5.7. illustre les valeurs de ce paramètre.

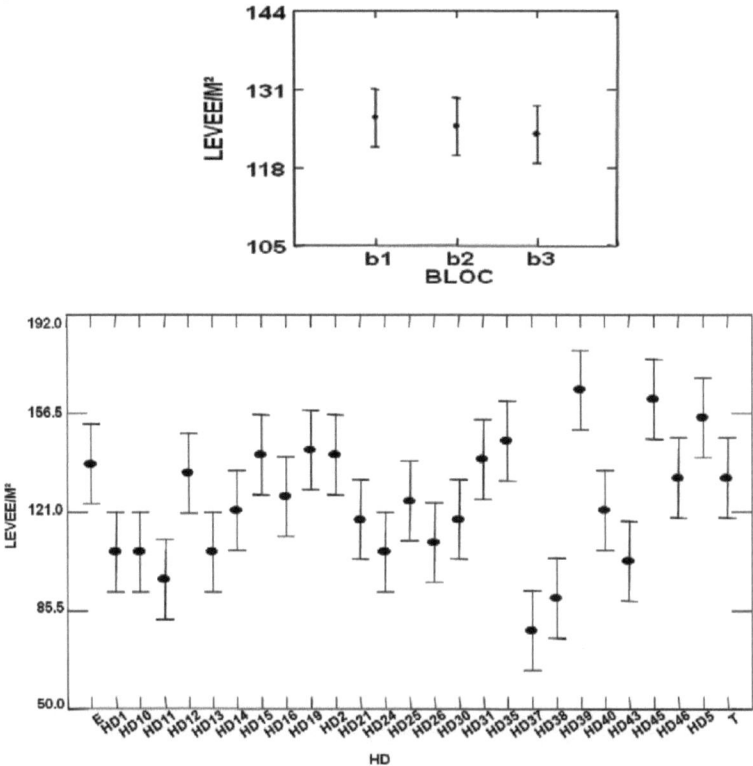

Figure 4.7. Nombre de pieds levés par m² des lignées étudiés (cm

L'analyse de la variance révèle une différence hautement significative entre les lignées pour ce paramètre et une différence non significative entre les blocs. Le test de Newman-Keuls fait ressortir deux groupes homogènes qui se chevauchent pour les lignées : HD46, HD21, HD2, HD12, HD14, T, HD35, HD26, HD5, HD24, HD30, HD40, HD43, HD13, HD38, E, HD25, HD19, HD10, HD11, HD16, HD1, HD31, HD15,.

HD39 a le nombre de pieds levés par m² le plus élevé (165), tandis que la valeur la plus faible pour ces paramètres est enregistrée chez HD37 (78.33).

4.1.2.5. Nombre de pieds levés par mètre carré à la sortie d'hiver

Les valeurs moyennes du nombre de pieds levé par mètre carré à la sortie d'hiver et l'interprétation statistique des résultats sont consignées dans le tableau 4.8.

Le tableau de l'analyse de la variance du nombre de pieds par mètre carré à la sortie d'hiver est porté en annexe.

Tableau 4.8. Valeurs moyennes du nombre de pieds levés par m² à la sortie d'hiver des lignées étudiées

lignées	nombre de pieds levés/m² à la sortie d'hiver	Interprétation statistique
HD46	133,33	
HD21	118,33	
HD45	161,67	
HD2	141,67	
HD12	135,00	
HD14	121,67	
T	133,33	
HD35	146,67	
HD26	110,00	
HD5	155,00	
HD24	106,67	Effets variétés : NS
HD37	78,33	
HD30	118,33	Effets blocs : NS
HD40	121,67	
HD43	103,33	C.V :
HD13	106,67	19.49 %
HD38	90,00	
E	138,33	
HD25	125,00	
HD19	143,33	
HD10	106,67	
HD11	96,67	
HD16	126,67	
HD1	106,67	
HD31	140,00	
HD15	141,67	
HD39	165,00	

La figure 4.8 illustre les valeurs de ce paramètre.

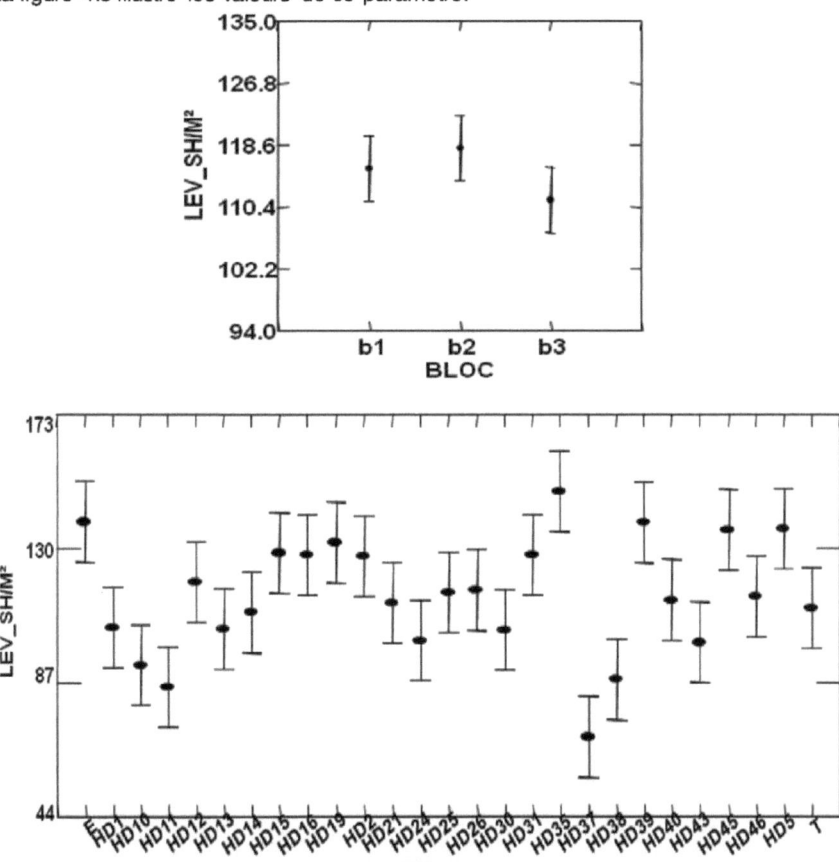

Figure 4.8. Nombre de pieds levés par m² à la sortie d'hiver des lignées étudiés

L'analyse de la variance révèle une différence non significative entre les lignées et entre les blocs.

Cependant, HD35 a le nombre de pieds levés par m² (sortie hiver) le plus élevé (148.33), tandis que la valeur la plus faible pour ces paramètres est enregistrée chez HD37 (69.67)

4.1.2.6. Nombre d'épis par mètre carré

Les valeurs moyennes du nombre d'épis par mètre carré et l'interprétation statistique des résultats sont consignées dans le tableau 4.9.

Le tableau de l'analyse de la variance du nombre d'épis par mètre carré est porté en annexe.

Tableau 4.9. Valeurs moyennes du nombre d'épis par m² des lignées étudiées

lignées	nombre de pieds levés/m² à la sortie d'hiver	Groupes homogènes	Interprétation statistique
HD46	345,33	ABC	
HD21	331,00	ABC	
HD45	294,00	ABC	
HD2	283,00	ABC	
HD12	325,67	ABC	
HD14	334,33	ABC	
T	371,00	A	
HD35	325,33	ABC	
HD26	301,00	ABC	
HD5	296,67	ABC	
HD24	302,67	ABC	Effets variétés : THS
HD37	272,33	BC	
HD30	332,67	ABC	Effets blocs : S
HD40	345,00	ABC	C.V :
HD43	331,33	ABC	8.85 %
HD13	337,00	ABC	
HD38	311,00	ABC	
E	312,67	ABC	
HD25	305,67	ABC	
HD19	299,00	ABC	
HD10	360,67	AB	
HD11	338,67	ABC	
HD16	345,67	ABC	
HD1	257,33	C	
HD31	292,33	ABC	
HD15	332,00	ABC	
HD39	275,33	BC	

La figure 4.9 illustre les valeurs de ce paramètre.

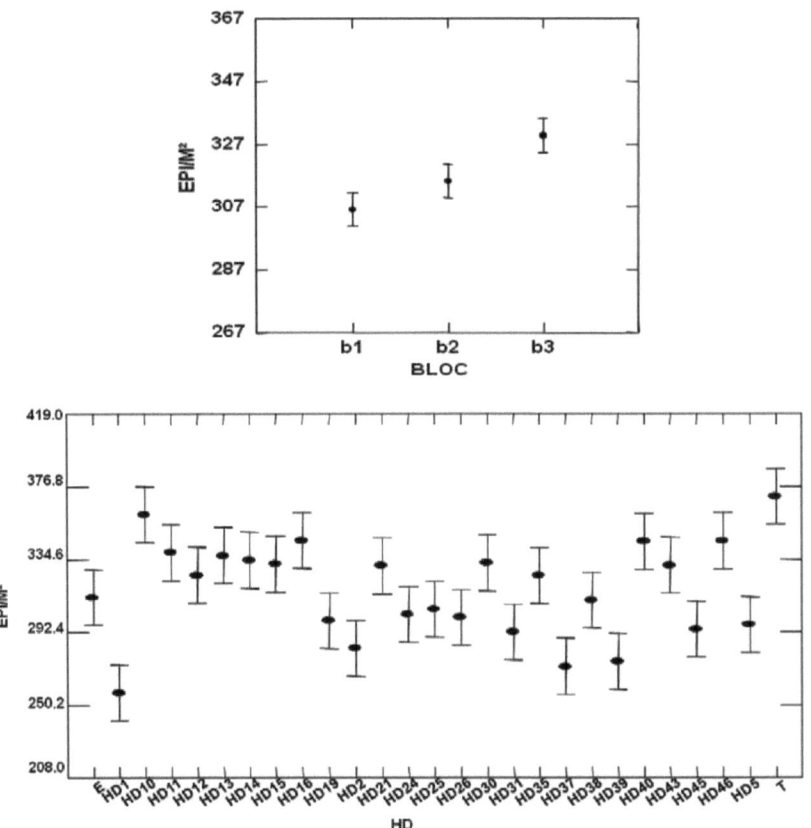

Figure 4.9. Nombre d'épi/m² des lignées étudiés

L'analyse de la variance montre une différence très hautement significative entre les lignées, et la différence entre les blocs est significative. Le test de Newman-Keuls fait ressortir trois groupes homogènes qui se chevauchent pour les lignées : HD46, HD21, HD45, HD2, HD12, HD14, HD35, HD26, HD5, HD24, HD37, HD30, HD40, HD43, HD13, HD38, E, HD25, HD19, HD10, HD11, HD16, HD31, HD15, HD39.

Le parent Tichedrett présente le nombre d'épi/m² le plus élevée (371), la valeur la plus faible est notée chez HD1 (257.33).

4.1.3. Rendements

4.1.3.1. Rendement en biomasse aérienne (g/m²)

Les valeurs moyennes de la biomasse aérienne et l'interprétation statistique des résultats sont consignées dans le tableau 4.10.

Le tableau de l'analyse de la variance de la biomasse aérienne est porté en annexe.

Tableau 4.10. Valeurs moyennes de la biomasse aérienne des lignées étudiées (g/m²)

lignées	biomasse aérienne (g/m²)	Groupes homogènes	Interprétation statistique
HD46	1269,42	AB	
HD21	1491,17	AB	
HD45	2092,83	A	
HD2	1578,00	AB	
HD12	1275,50	AB	
HD14	1252,42	AB	
T	1490,00	AB	
HD35	1186,92	AB	
HD26	1340,33	AB	
HD5	1251,17	AB	
HD24	1197,25	AB	
HD37	1187,67	AB	Effets variétés : S
HD30	1190,75	AB	
HD40	1404,67	AB	Effets blocs : NS
HD43	1189,00	AB	
HD13	1267,00	AB	C.V :
HD38	1661,08	AB	24.60 %
E	1339,92	AB	
HD25	1256,25	AB	
HD19	1312,67	AB	
HD10	1201,33	AB	
HD11	1252,25	AB	
HD16	1201,42	AB	
HD1	1147,50	AB	
HD31	1738,75	A	
HD15	1071,00	AB	
HD39	662,17	B	

La figure 4.10 illustre les valeurs de ce paramètre.

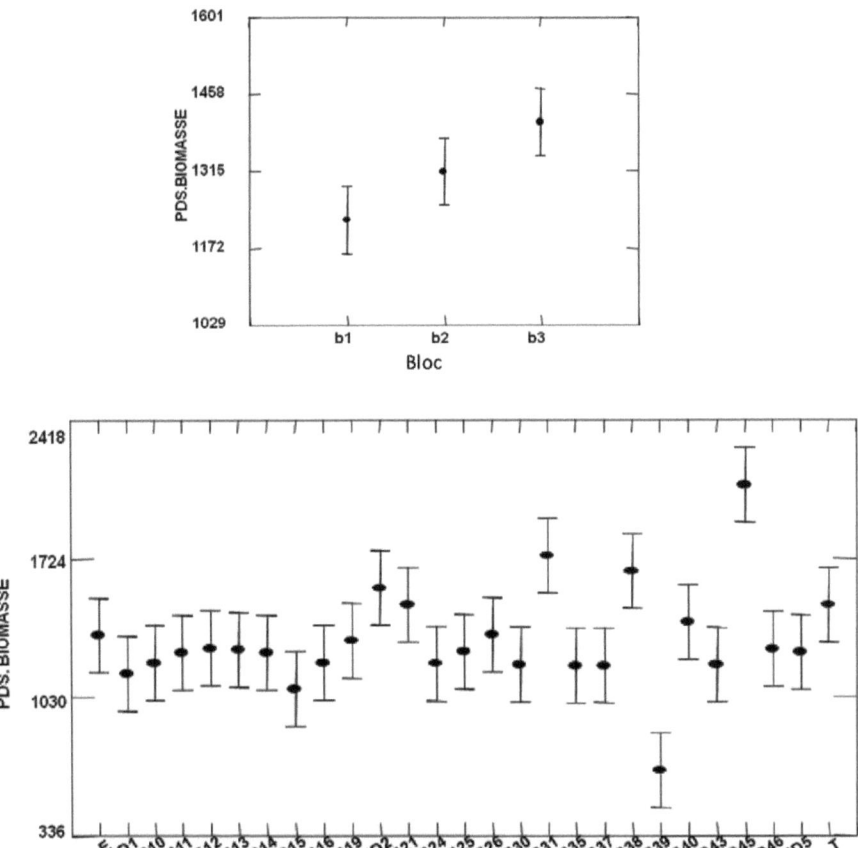

Figure 4.10. Biomasse aérienne de lignées étudiées (g/m²)

Les résultats de l'analyse de la variance révèlent une différence significative entre les lignées pour ce paramètre et une différence non significative entre les blocs

Le classement des moyens révèle l'existence de deux groupes homogènes qui se chevauchent pour les lignées : HD46, HD21, HD2, HD12, HD14, T, HD35,

HD26, HD5, HD24, HD37, HD30, HD40, HD43, HD13, HD38, E, HD25, HD19, HD10, HD11, HD16, HD1, HD15.

Le poids de la biomasse aérienne le plus lourd est signalé chez HD45 (2092,83g/m²), tandis que HD39 enregistre le poids le plus faible (662,17 g/m²).

4.1.3.2. Rendement en paille (g/m²)

Les valeurs moyennes du rendement en paille et l'interprétation statistique des résultats sont consignées dans le tableau 4.11.

Le tableau de l'analyse de la variance du rendement en paille est porté en annexe

Tableau 4.11. Valeurs moyennes du rendement en paille (g/m²) des lignées étudiées

lignées	rendement en paille (g/m²)	Groupes homogènes	Interprétation statistique
HD46	396,58	AB	
HD21	716,75	A	
HD45	507,25	AB	
HD2	643,08	AB	
HD12	553,83	AB	
HD14	456,25	AB	
T	653,92	AB	
HD35	501,67	AB	
HD26	604,08	AB	
HD5	537,58	AB	
HD24	468,83	AB	
HD37	434,83	AB	Effets variétés : HS
HD30	493,92	AB	
HD40	675,42	AB	Effets blocs : NS
HD43	443,00	AB	
HD13	510,25	AB	C.V :
HD38	777,58	A	26.49 %
E	608,92	AB	
HD25	444,58	AB	
HD19	499,67	AB	
HD10	460,33	AB	
HD11	471,83	AB	
HD16	487,67	AB	
HD1	428,92	AB	
HD31	795,08	A	
HD15	386,75	AB	
HD39	274,33	B	

La figure 4.11 illustre les valeurs de ce paramètre.

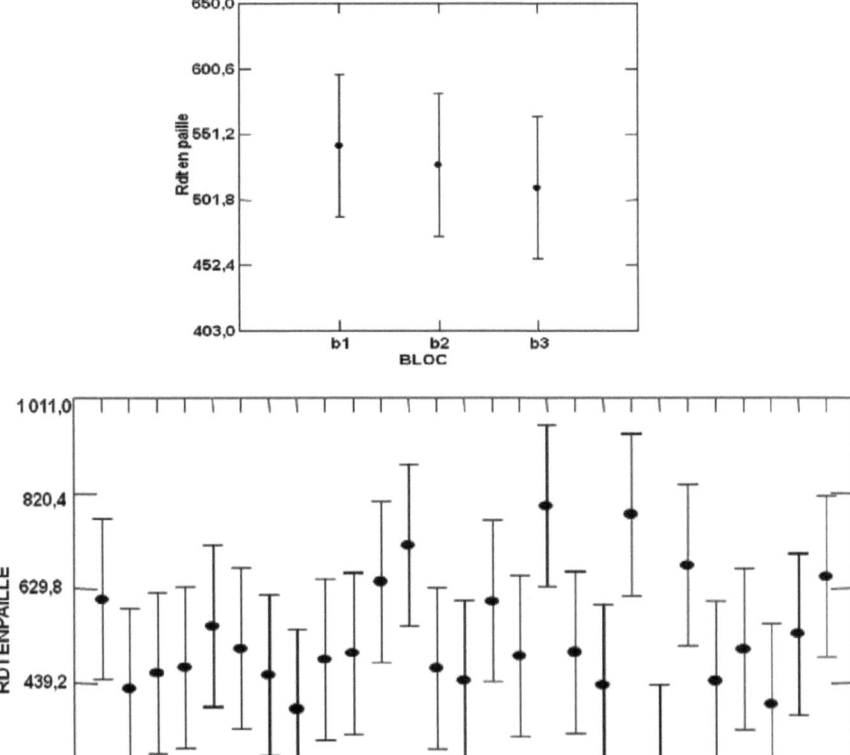

Figure 4.11. Rendement en paille des lignées étudiées (g/m²)

L'analyse de la variance montre une différence hautement significative entre les lignées pour ce paramètre et une différence non significative entre les blocs. Le classement des moyennes révèle l'existence de deux groupes homogènes qui se chevauchent pour les lignées : HD46, HD45, HD2, HD12, HD14, T, HD35, HD26, HD5, HD24, HD37, HD30, HD40, HD43, HD13, E, HD25, HD19, HD10, HD11, HD16, HD1, HD15.

HD31 présente le rendement en paille (g/m²) le plus élevé (795.08 g/m²) ; la valeur la plus faible est notée chez HD39 (274.33 g/m²).

4.1.3.3. Rendement en grain calculé (g/m²)

Les valeurs moyennes du rendement en grains calculé et l'interprétation statistique des résultats sont consignées dans le tableau 4.12.

Le tableau de l'analyse de la variance du rendement calculé est porté en annexe.

Tableau 4.12. Valeurs moyennes du rendement en grains calculé des lignées étudiées (g/m²)

lignées	rendement calculé (g/m²)	Groupes homogènes	Interprétation statistique
HD46	573,10	AB	
HD21	484,57	AB	
HD45	487,87	AB	
HD2	460,62	AB	
HD12	596,77	AB	
HD14	572,43	AB	
T	723,62	A	
HD35	514,70	AB	
HD26	497,21	AB	
HD5	493,01	AB	
HD24	519,76	AB	Effets variétés : S
HD37	470,98	AB	
HD30	476,77	AB	Effets blocs : S
HD40	473,06	AB	C.V :
HD43	481,43	AB	16.15 %
HD13	504,06	AB	
HD38	471,28	AB	
E	513,75	AB	
HD25	538,86	AB	
HD19	487,38	AB	
HD10	557,54	AB	
HD11	637,64	AB	
HD16	526,71	AB	
HD1	427,12	B	
HD31	471,62	AB	
HD15	478,37	AB	
HD39	384,12	B	

La figure 4.12 illustre les valeurs de ce paramètre

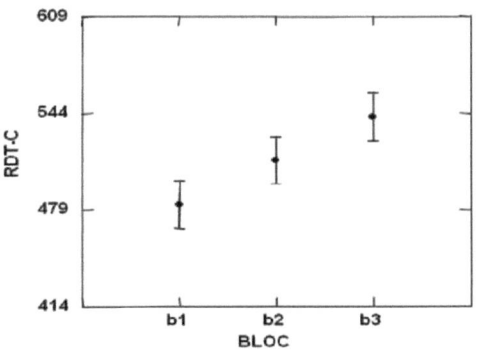

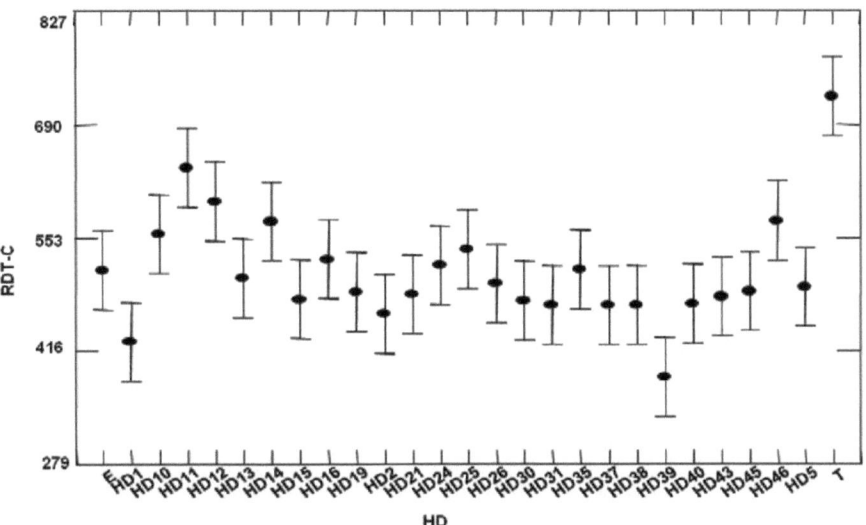

Figure 4.12. Rendement en grains calculé (g/m²)

L'analyse de la variance révèle une différence significative entre les lignées et entre les blocs. Le test de Newman-Keuls fait ressortir deux groupes homogènes qui se chevauchent pour les lignées : HD46, HD21, HD45, HD2, HD12, HD14, HD35, HD26, HD5, HD24, HD37, HD30, HD40, HD43, HD13, HD38, E, HD25, HD19, HD10, HD11, HD16, HD31, HD15.

Le parent Tichedrett donne le rendement en grain calculé le plus élevé (723.62 g/m²), et HD39 le plus faible (384.12 g/m²).

4.1.3.4. Rendement en grain réel (g/m²)

Les valeurs moyennes du rendement en grain réel et l'interprétation statistique des résultats sont consignées dans le tableau 4.13.

Le tableau de l'analyse de la variance du rendement réel est porté en annexe.

Tableau 4.13. Valeurs moyennes du rendement en grains réel des lignées étudiées (g/m²)

lignées	Rendement en grain réel (g/m²)	Groupes homogènes	Interprétation statistique
HD46	721,50	AB	
HD21	644,42	C	
HD45	766,08	AB	
HD2	765,42	AB	
HD12	616,67	C	
HD14	608,00	C	
T	714,25	AB	
HD35	563,92	C	
HD26	634,92	C	
HD5	574,58	C	
HD24	791,33	A	Effets variétés : S
HD37	603,08	C	
HD30	556,42	C	Effets blocs : NS
HD40	602,83	C	
HD43	615,17	C	C.V :
HD13	638,92	C	13.08 %
HD38	666,00	C	
E	661,58	C	
HD25	635,17	C	
HD19	633,17	C	
HD10	582,42	C	
HD11	620,33	C	
HD16	610,25	C	
HD1	593,83	C	
HD31	623,58	C	
HD15	603,50	C	
HD39	563,33	C	

La figure 4.13 illustre les valeurs de ce paramètre.

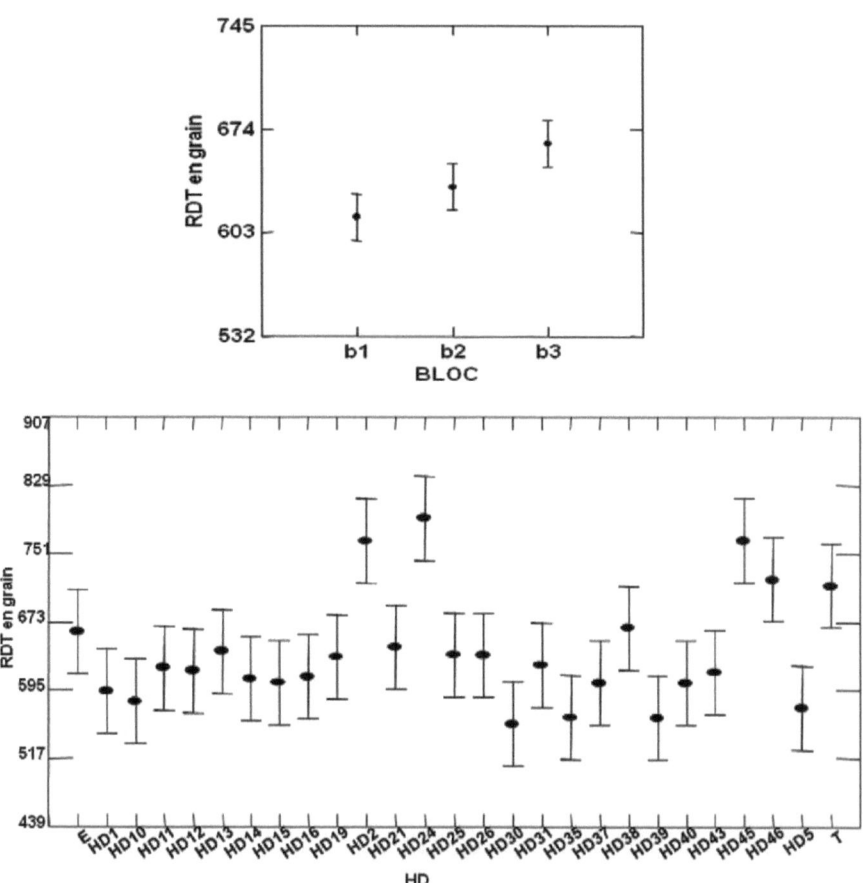

Figure 4.13. Rendement en grains réel (g/m²)

L'analyse de la variance montre une différence significative entre les lignées pour ce paramètre et une différence non significative entre les blocs. Le test de Newman-Keuls fait ressortir trois groupes homogènes qui se chevauchent pour les lignées : HD46, HD45, HD2, T.

HD24 présente le rendement réel le plus élevé (791.33 g/m²), et la valeur la plus faible est notée chez HD30 (556.42 g/m²).

4.1.3.5. Indice de récolte

Les valeurs moyennes du l'indice de récolte et l'interprétation statistique des résultats sont consignées dans le tableau 4.14.

Le tableau de l'analyse de la variance l'indice de récolte est porté en annexe.

Tableau 4.14. Valeurs moyennes du l'indice de récolte des lignées étudiées

lignées	l'indice de récolte	Groupes homogènes	Interprétation statistique
HD46	0,57	BC	
HD21	0,44	BC	
HD45	0,38	C	
HD2	0,49	BC	
HD12	0,49	BC	
HD14	0,49	BC	
T	0,49	BC	
HD35	0,51	BC	
HD26	0,48	BC	
HD5	0,51	BC	
HD24	0,77	AB	Effets variétés : THS
HD37	0,52	BC	
HD30	0,49	BC	Effets blocs : NS
HD40	0,44	BC	C.V :
HD43	0,52	BC	20.47 %
HD13	0,51	BC	
HD38	0,41	C	
E	0,51	BC	
HD25	0,52	BC	
HD19	0,48	BC	
HD10	0,49	BC	
HD11	0,51	BC	
HD16	0,51	BC	
HD1	0,52	BC	
HD31	0,36	C	
HD15	0,60	BC	
HD39	0,85	A	

La figure 4.14 illustre les valeurs de ce paramètre

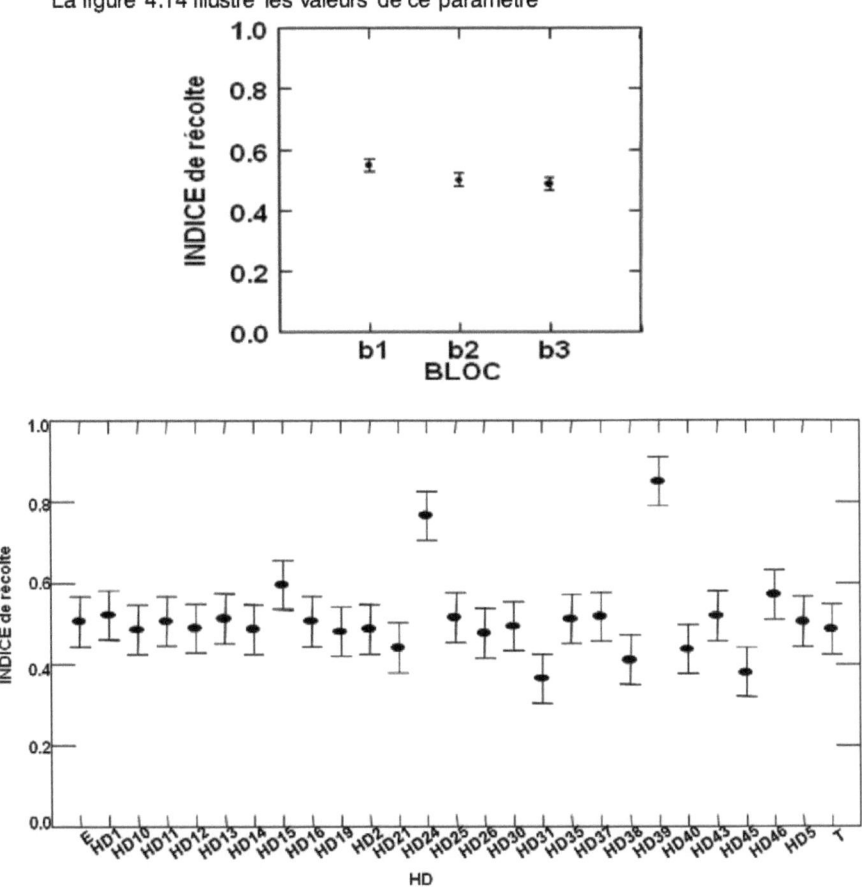

Figure 4.14. Indice de récolte

L'analyse de la variance montre une différence très hautement significative entre les lignées pour ce paramètre et une différence non significative entre les blocs.

Le test de Newman-Keuls fait ressortir trois groupes homogènes qui se chevauchent pour les lignées : HD46, HD21, HD2, HD12, HD14, T, HD35, HD26, HD5, HD24, HD37, HD30, HD40, HD43, HD13, E, HD25, HD19, HD10, HD11, HD16, HD1, HD15.

L'indice de récolte le plus élevé est noté chez HD39 (0.85) , tandis que HD31 enregistre l'indice le plus faible (0.36).

4.1.4. Etude des corrélations :

Une étude basée sur l'Analyse en Composantes Principales (ACP) a été effectuée avec le logiciel PAST vers. 1.91.

4.1.4.1. Caractères morphologiques

L'étude des corrélations a été réalisée sur les axes 1, 2, du moment qu'ils présentent une forte contribution à l'identification des nuages avec les valeurs respectives de 40.53% et 36.75%.

Le cercle de corrélation (figure 4.15) exclut le parent Tichedrett de la corrélation.

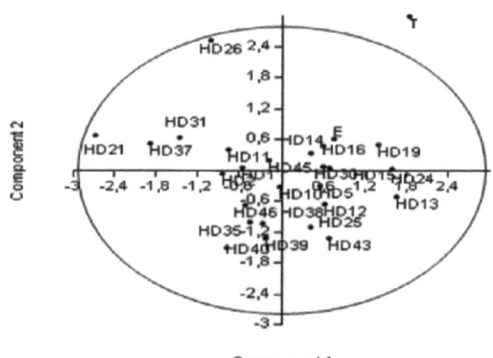

Figure 4.15: Cercle de corrélation des lignées avec les Caractères morphologiques

Une classification hiérarchique ascendante (CHA) des différentes lignées pour les caractères morphologique (calculée par le biais des distances euclidiennes) a été réalisée

Les calculs de la distance euclidienne sont basés sur un axe de similarité de -2.4 (figure 4.16).

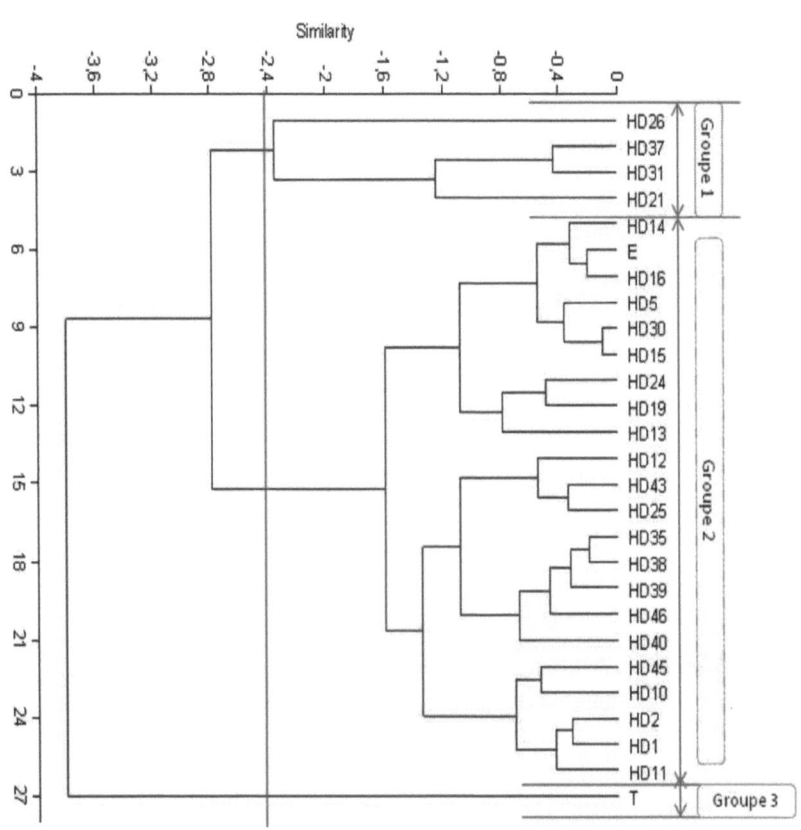

Figure 4.16: Classification hiérarchique ascendante (CHA) des différentes lignées pour les caractères morphologiques (calculée par le biais des distances euclidiennes)

D'autre part, une étude complémentaire basée sur l'Analyse en Composantes Principales (ACP), effectuée sur les différents traitements, montre la présence d'une corrélation entre les valeurs constituant la matrice des données à l'exception du parent Tichedrett, ceci, est vérifié par le cercle de corrélation.

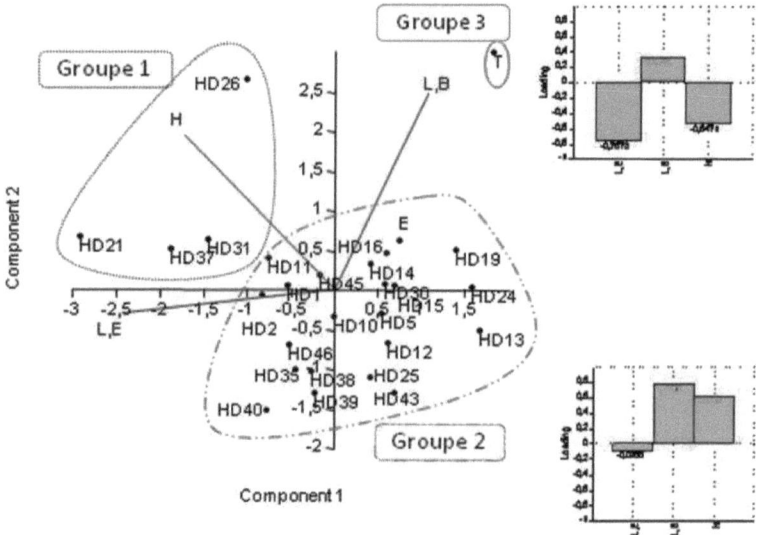

Figure 4.17 : Analyse en Composantes Principales (ACP) des différentes lignées et les caractères morphologiques.

L.E : longueur d'épi ; L.B : longueur des barbes ; H : hauteur de la tige

Le premier groupe est représenté par HD26, HD21, HD31 et HD37. Ce groupe est corrélé positivement avec les vecteurs: Hauteur des tiges et longueur d'épi.

Le deuxième groupe est constitué de HD40, HD39, HD38, HD1, HD46, HD45, HD5, HD14, HD12, HD2, HD16, HD43, HD15, HD35, HD30, HD24, HD11, HD19, HD13, HD10, E, HD25.Ce groupe est corrélé positivement avec l'ensemble des vecteurs ; donc il représente les meilleurs lignées pour les caractères morphologique.

Le troisième groupe constitué du parent Tichedrett est corrélé positivement avec le vecteur : longueur des barbes.

4.1.4.2. Caractères agronomiques

L'étude des corrélations a été réalisée sur l'axe 1, 2, du moment qu'ils présentent une forte contribution à l'identification des nuages avec les valeurs respectives de 35.12% et 28.43%.

Le cercle de corrélation (figure 4.18) n'exclus aucune lignée de la corrélation.

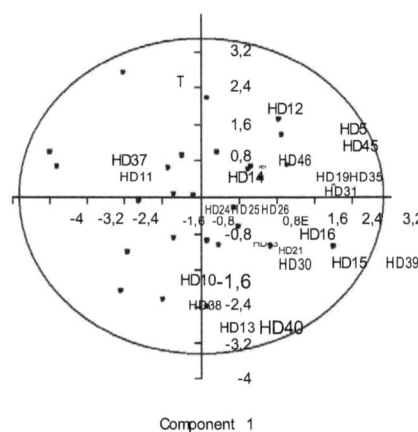

Figure 4.18: Cercle de corrélation de lignées avec les Caractères agronomiques

Une classification hiérarchique ascendante (CHA) des différentes lignées pour les caractères morphologique (calculée par le biais des distances euclidiennes) a été réalisée

Les calculs de la distance euclidienne sont basés sur un axe de similarité de -3.2 (figure 4.19).

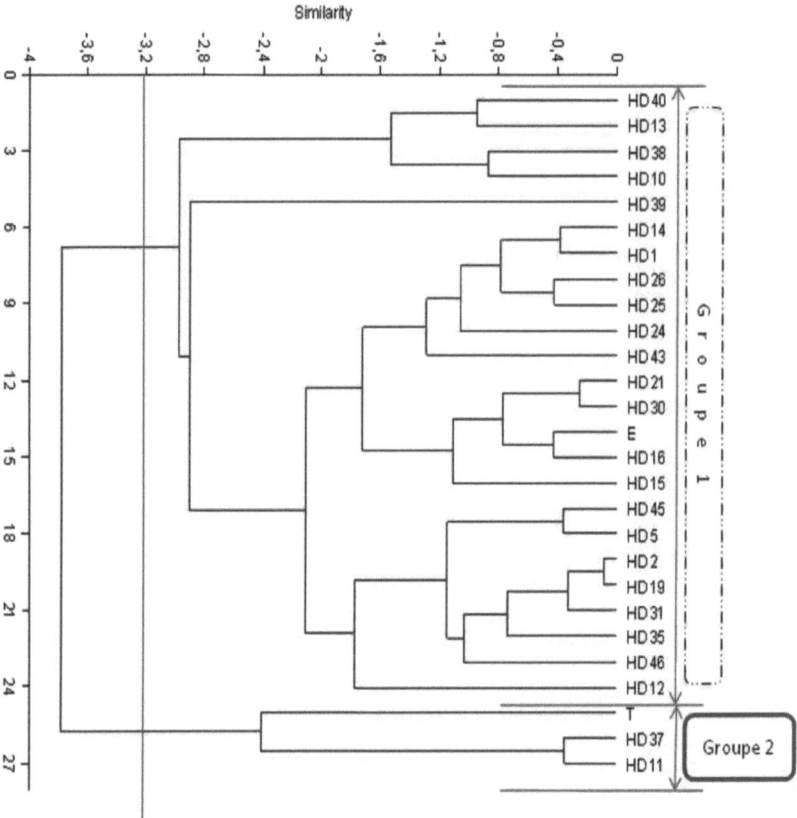

Figure 4.19:Classification hiérarchique ascendante des différentes lignées pour les caractères agronomiques (calculée par le biais des distances euclidiennes)

D'autre part, une étude complémentaire basée sur l'Analyse en Composantes Principales (ACP), effectuée sur les différents traitements, montre la présence d'une corrélation positive entre les valeurs constituant la matrice des données à l'exception de HD39, ceci est vérifié par le cercle de corrélation.

A partir de la CHA, nous avons tracé les groupes homogènes sur l'ACP. (Figure 4.20)

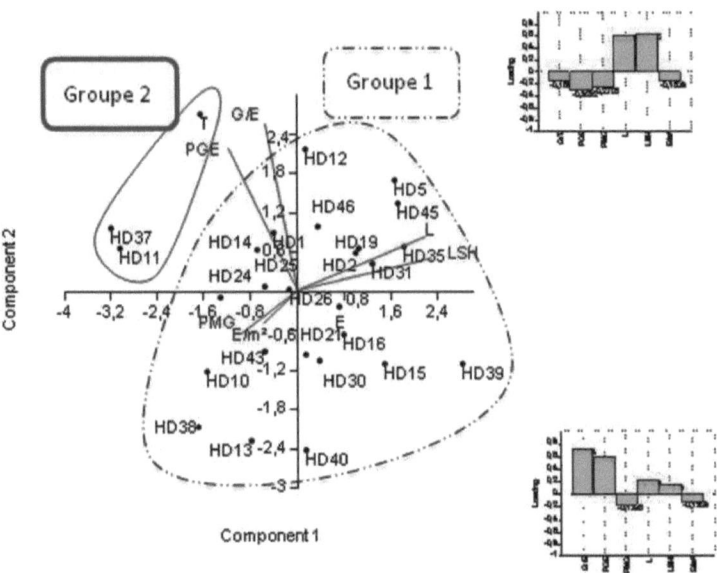

Figure 4.20 : Analyse en Composantes Principales (ACP) de différentes lignées et les caractères agronomiques.

L : nombre de plants levées /m² ; LSH : nombre de plants levées /m² à la sortie d'hiver ; G /E : nombre de grain/épi ; PGE : poids de grain de l'épi ; PMG : poids de milles grain ; E /m² : nombre d'épi /m²

Le premier groupe est constitué de HD35, HD5, HD19, E, HD15, HD12, HD25, HD16, HD46, HD14, HD13, HD30, HD43, HD24, HD1, HD10, HD45, HD2, HD31, HD38, HD26, HD40, HD21, HD39, Ce groupe est corrélé positivement avec l'ensemble des vecteurs.

Le deuxième groupe est représenté par le parent Tichedrett HD37, HD11. Ce groupe est corrélé positivement avec les vecteurs: nombre de grain par épi et le poids des grains de l'épi.

4.1.4.3. Les rendements

L'étude des corrélations a été réalisée sur l'axe1, 2, du moment qu'ils présentent une forte contribution à l'identification des nuages avec les valeurs respectives de 52.4% et 22.5%.

Le cercle de corrélation (figure 4.21) exclus HD39 de la corrélation.

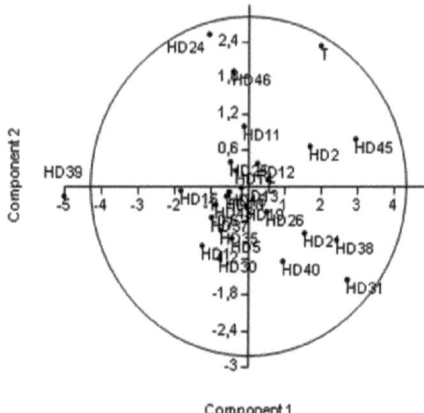

Figure 4.21 : Cercle de corrélation de lignées avec les rendements

Une classification hiérarchique ascendante (CHA) des différentes lignées pour les caractères morphologique (calculée par le biais des distances euclidiennes) a été réalisée

Les calculs de la distance euclidienne sont basés sur un axe de similarité de -300 (figure 4.22).

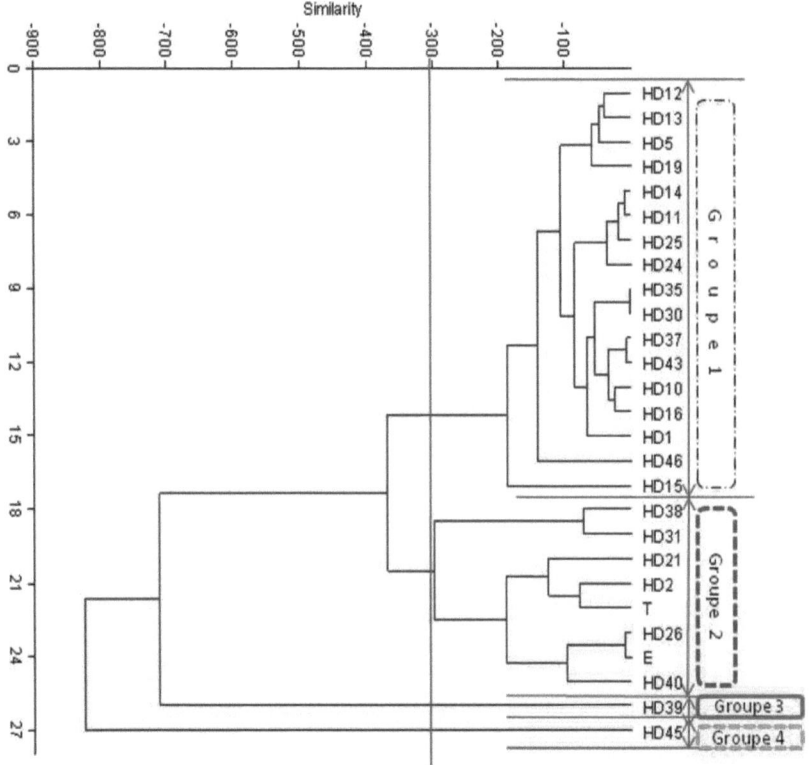

Figure 4.22: Classification hiérarchique ascendante des différentes lignées pour les rendements (calculée par le biais des distances euclidiennes)

D'autre part, une étude complémentaire basée sur l'Analyse en Composantes Principales (ACP), effectuée sur les différents traitements, montre la présence d'une corrélation positive entre les valeurs constituant la matrice des données à l'exception de HD39, ceci est vérifié par le cercle de corrélation.

A partir de la CHA, nous avons tracé les groupes homogènes sur l'ACP. (Figure 4.23)

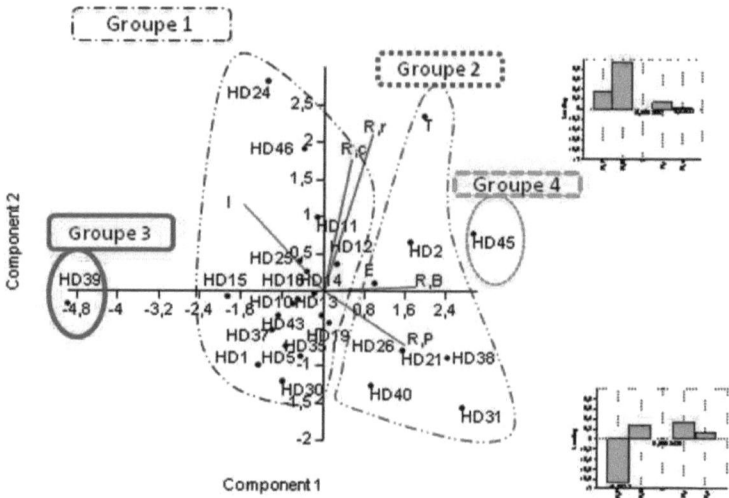

Figure 4.23 : Analyse en Composantes Principales (ACP) de différentes lignées et les rendements
I : indice de récolte ; R.c : rendement calculé ; R.r : rendement réel ; R.B : rendement en biomasse ; R.P : rendement en paille

Le premier groupe est constitué de HD35, HD5, HD19, HD15, HD12, HD25, HD37, HD16, HD46, HD14, HD13, HD30, HD43, HD24, HD1, HD10, HD45, HD11 Ce groupe est corrélé positivement avec les vecteurs : rendement réel, rendement calculé, indice de récolte et le rendement en biomasse.

Le deuxième groupe est représenté par le parent Tichedrett, HD38, HD31, HD2, HD21, E, HD26, HD40. Ce groupe est corrélé positivement avec les vecteurs: rendement réel, rendement calculé, rendement en biomasse et le rendement en paille.

Le troisième groupe est constitué de HD39 ; il est corrélé positivement avec le vecteur : indice de récolte.

Le quatrième groupe représenté par HD45 est corrélé positivement avec le rendement en biomasse.

4.2. Dispositif expérimental Tichedrett et Plaisante (T*P)

4.2.1. Caractères morphologiques

4.2.1.1. Longueur de l'épi

Les valeurs moyennes de la longueur de l'épi et l'interprétation statistique des résultats sont consignées dans le tableau 4.15.

Le tableau de l'analyse de la variance de la longueur de l'épi est porté en annexe.

Le tableau 4.15. Valeurs moyennes de la longueur de l'épi de lignées étudiées (cm)

lignées	Longueur de l'épi (cm)	Groupes homogènes	Interprétation statistique
T	3,84	C	
HD54	4,10	C	Effets variétés : THS
P	6,18	A	
HD59	4,43	C	Effets blocs : NS
HD65	5,01	B	
HD63	4,04	C	C.V : 6.86 %
HD60	4,38	C	
HD55	4,04	C	

La figure 4.24 illustre les valeurs de ce paramètre.

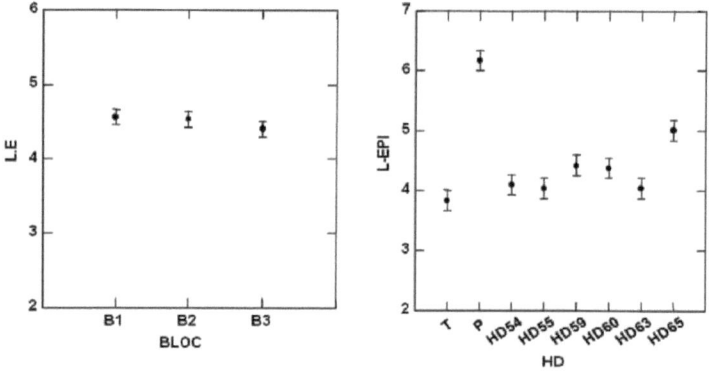

Figure 4.24. Longueur de l'épi des variétés étudiées (cm)

L'analyse de la variance montre une différence très hautement significative entre les lignées, et un effet non significative des blocs.

Le test de Newman-Keuls fait ressortir trois groupes distincts.

Le parent Plaisante (6,18cm) présente la longueur de l'épi la plus élevée. La valeur la plus faible est notée chez le parent Tichedrett (3.84cm).

4.2.1.2. Longueur des barbes

Les valeurs moyennes de la longueur des barbes et l'interprétation statistique des résultats sont consignés dans le tableau 4.16.

Le tableau de l'analyse de la variance de la longueur des barbes est porté en annexe.

Tableau 4.16. Valeurs moyennes de la longueur des barbes (cm)

lignées	Longueur de barbe (cm)	Groupes homogènes	Interprétation statistique
T	3,84	A	
HD54	4,10	B	Effets variétés : HS
P	6,18	C	
HD59	4,43	B	Effets blocs : NS
HD65	5,01	B	
HD63	4,04	B	C.V : 3.07 %
HD60	4,38	B	
HD55	4,04	B	

La figure 4.25 illustre les valeurs de ce paramètre.

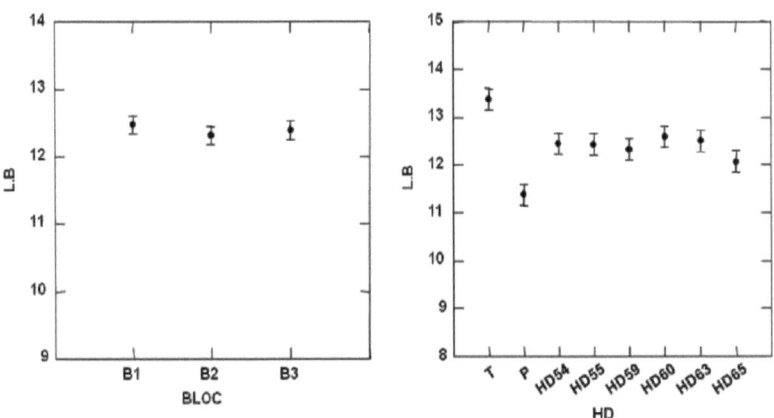

Figure 4.25. Longueur des barbes des lignées étudiés (cm)

L'analyse de la variance montre une différence hautement significative entre les HDs pour ce paramètre et un effet non significatif des blocs. Le classement des moyennes nous a donné trois groupes homogènes.

Le parent Tichedrett (13,38cm) présente la longueur des barbes la plus élevée, tandis que le parent Plaisante possède les barbes les plus courtes (11,38cm).

4.2.1.3. Hauteur de la tige

Les valeurs moyennes de la hauteur de la tige et l'interprétation statistique des résultats sont consignées dans le tableau 4.17.

Le tableau de l'analyse de la variance de la hauteur de la tige est porté en annexe.

Tableau 4.17. Valeurs moyennes de la hauteur de la tige (cm)

lignées	hauteur de la tige (cm)	Groupes homogènes	Interprétation statistique
T	91,00	AB	
HD54	84,33	BC	
P	93,00	A	Effets variétés : THS
HD59	84,67	BC	
HD65	75,33	C	Effets blocs : NS
HD63	83,67	BC	
HD60	82,00	BC	C.V : 4.28 %
HD55	79,33	C	

La figure 4.26 illustre les valeurs de ce paramètre.

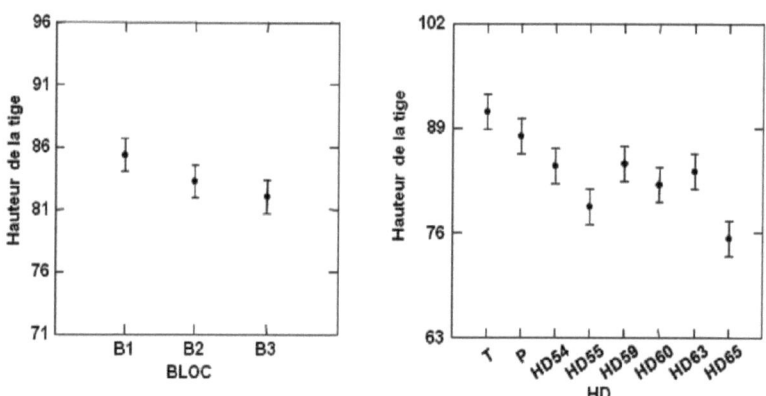

Figure 4.26. Hauteurs de la tige de lignées étudiées (cm)

L'analyse de la variance montre un effet très hautement significative entre les lignées étudiées et un effet non significatif des blocs. Le test de Newman-Keuls fait ressortir trois groupes homogènes qui se chevauchent pour les lignées: T, HD54, HD59, HD63, HD60.

Le parent Plaisente (93 cm) présente la hauteur de la tige la plus élevée, la valeur la plus faible est notée chez HD65 (75.33cm).

4.2.2. Caractères agronomiques

4.2.2.1. Nombre de grains par épi

Les valeurs moyennes du nombre de grains par épi et l'interprétation statistique des résultats sont consignées dans le tableau 4.18.

Le tableau de l'analyse de la variance du nombre de grains par épi est porté en annexe.

Tableau 4.18. Valeurs moyennes du nombre de grains par épi des lignées étudiées

lignées	nombre de grains par épi	Groupes homogènes	Interprétation statistique
T	31,62	C	
HD54	32,25	C	
P	40,20	A	Effets variétés : HS
HD59	33,85	C	Effets blocs : NS
HD65	37,05	AB	
HD63	31,62	C	C.V :
HD60	34,58	C	6.76 %
HD55	34,53	C	

La figure 4.27 illustre les valeurs de ce paramètre.

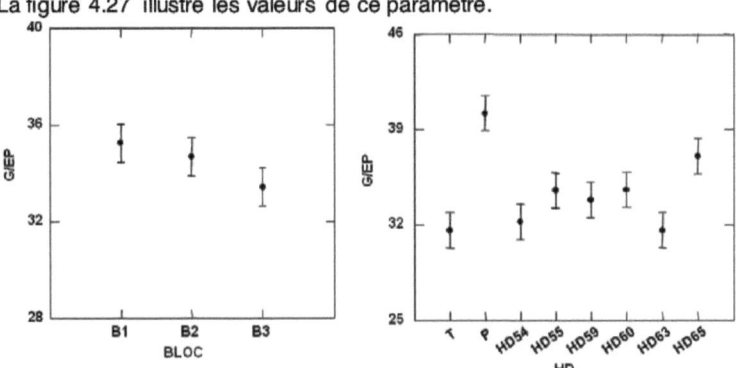

Figure 4.27. Nombre de grains /épi des lignées étudiés

L'analyse de la variance montre une différence hautement significative entre les HDs, et la différence entre les blocs est non significative. Le test de Newman-Keuls fait ressortir trois groupes homogènes qui se chevauchent pour la lignée : HD65

Le parent Plaisante présente le nombre de grains par épi le plus élevée (40.20), la valeur la plus faible est notée chez le parent Tichedrett (31.62).

4.2.2.2. Le poids de grain de l'épi

Les valeurs moyennes du poids de grain de l'épi et l'interprétation statistique des résultats sont consignées dans le tableau 4.19.

Le tableau de l'analyse de la variance du poids de grain de l'épi est porté en annexe.

Tableau 4.19. Valeurs moyennes du poids de grain de l'épi (g)

lignées	poids de grain de l'épi (g)	Interprétation statistique
T	1,58	
HD54	1,56	
P	1,60	Effets variétés : NS
HD59	1,59	
HD65	1,79	Effets blocs : NS
HD63	1,50	C.V :
HD60	1,65	8.11 %
HD55	1,57	

La figure 4.28 illustre les valeurs de ce paramètre.

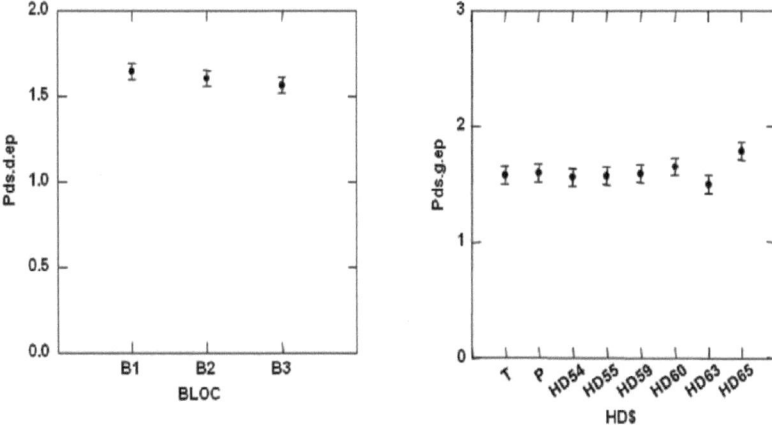

Figure 4. 28. Poids de grain de l'épi des lignées étudiés

4.2.2.3. Poids de mille grains (PMG)

Les valeurs moyennes du poids de mille grains et l'interprétation statistique des résultats sont consignées dans le tableau 4.20.

Le tableau de l'analyse de la variance du poids de mille grains est porté en annexe.

Tableau 4.20. Valeurs moyennes du poids de mille grains des lignées étudiées (g)

lignées	PMG (g)	Groupes homogènes	Interprétation statistique
T	51,60	A	
HD54	48,67	AB	
P	47,20	B	Effets variétés : HS
HD59	46,00	B	
HD65	46,00	B	Effets blocs : NS
HD63	47,73	B	
HD60	47,13	B	C.V : 3.80 %
HD55	44,53	B	

La figure 4.29 illustre les valeurs de ce paramètre.

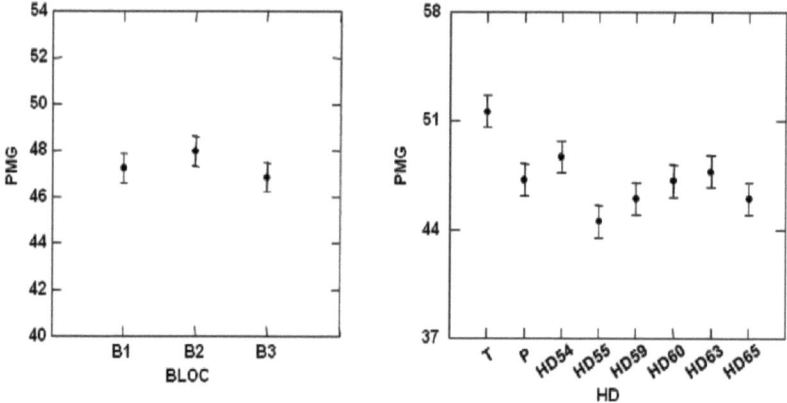

Figure 4.29. PMG de lignées étudiées (g)

L'analyse de la variance montre une différence hautement significative entre les lignées étudiées, et une différence non significative entre les blocs. Le test de Newman-Keuls fait ressortir deux groupes homogènes qui se chevauchent pour la lignée HD54

Le parent Tichedrett présente le poids de mille grains le plus élevé (51.60g), la valeur la plus faible est notée chez HD55 (44.53g).

<u>4.2.2.4. Nombre de pieds levés par mètre carré</u>

Les valeurs moyennes du nombre de pieds levé par mètre carré et l'interprétation statistique des résultats sont consignées dans le tableau 4.21.

Le tableau de l'analyse de la variance du nombre de pieds par mètre carré est porté en annexe.

Tableau 4.21. Valeurs moyennes du nombre de pieds levés par m² des lignées étudiées

lignées	nombre de pieds levés / m²	Groupes homogènes	Interprétation statistique
T	143,33	A	
HD54	132,33	A	
P	95,00	B	Effets variétés : S
HD59	123,33	A	Effets blocs : NS
HD65	128,33	A	
HD63	146,67	A	C.V :
HD60	135,00	A	11.52 %
HD55	140,00	A	

La figure 4.30 illustre les valeurs de ce paramètre.

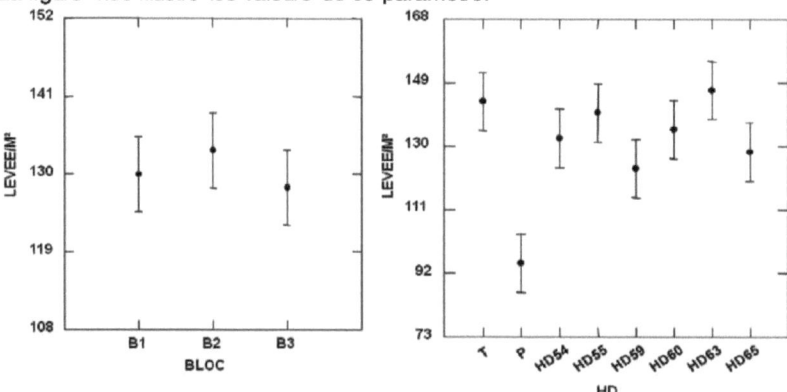

Figure 4.30. Nombre de pieds levés par m² des lignées étudiés (cm)

L'analyse de la variance révèle une significative entre les lignées pour ce paramètre et une différence non significative entre les blocs. Le test de Newman-Keuls fait ressortir deux groupes homogènes.

HD63 enregistre le nombre de pieds levés par m² le plus élevé (164.67), tandis que la valeur la plus faible pour ces paramètres est enregistrée chez le parent Plaisante (95)

4.2.2.5. Nombre de pieds levés par mètre carré à la sortie d'hiver

Les valeurs moyennes du nombre de pieds levé par mètre carré à la sortie d'hiver et l'interprétation statistique des résultats sont consignées dans le tableau 4.22.

Le tableau de l'analyse de la variance du nombre de pieds par mètre carré est porté en annexe.

Tableau 4.22. Valeurs moyennes du nombre de pieds levés par m² des lignées étudiées

lignées	nombre de pieds levés / m² à la sortie d'hiver	Groupes homogènes	Interprétation statistique
T	128,67	A	
HD54	108,33	AB	
P	78,00	B	Effets variétés : S
HD59	106,00	AB	
HD65	116,00	AB	Effets blocs : NS
HD63	132,67	A	
HD60	115,33	AB	C.V : 15.74 %
HD55	103,00	AB	

La figure 4.31 illustre les valeurs de ce paramètre.

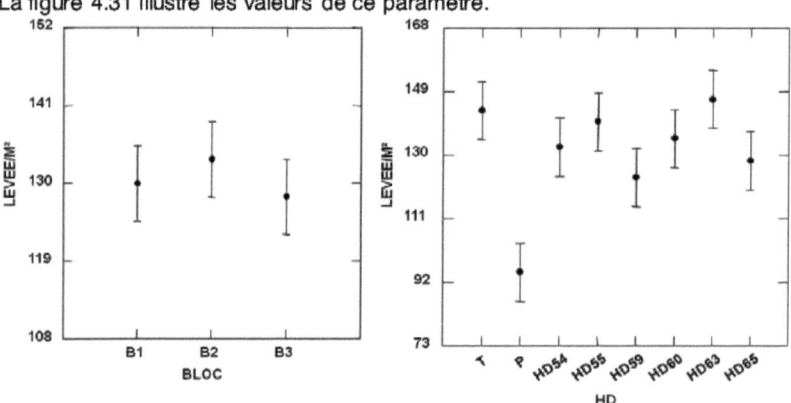

Figure 4.31. Nombre de pieds levés par m² à la sortie d'hiver des lignées étudiées.

L'analyse de la variance révèle une différence significative entre les variétés et un effet non significatif des blocs. Le test de Newman-Keuls fait ressortir trois groupes homogènes qui se chevauchent pour les lignées : HD54, HD59, HD65, HD60, HD55.

HD63 a le nombre de pieds levés par m² sortie hiver le plus élevé (132.67), tandis que la valeur la plus faible pour ces paramètres est enregistrée chez le parent Plaisante (78).

4.2.2.6. Nombre d'épis par mètre carré

Les valeurs moyennes du nombre d'épis par mètre carré et l'interprétation statistique des résultats sont consignées dans le tableau 4.23.

Le tableau de l'analyse de la variance du nombre d'épis par mètre carré est porté en annexe.

Tableau 4.23. Valeurs moyennes du nombre d'épis par m² des lignées étudiées

lignées	nombre d'épis/m²	Groupes homogènes	Interprétation statistique
T	325,67	AB	
HD54	356,33	A	
P	312,00	AB	Effets variétés : S
HD59	344,00	A	Effets blocs : NS
HD65	328,00	AB	
HD63	343,33	A	C.V :
HD60	365,00	A	7.17 %
HD55	279,33	B	

La figure 4.32 illustre les valeurs de ce paramètre.

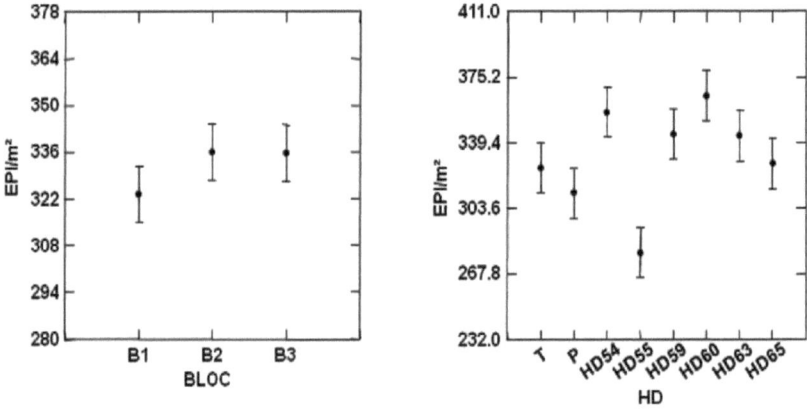

Figure 4.32. Nombre d'épi/m² des lignées étudiés

L'analyse de la variance montre une différence significative entre les lignées, et la différence entre les blocs est non significative. Le test de Newman-Keuls fait ressortir deux groupes homogènes qui se chevauchent pour les lignées : T, P, HD65.

HD60 présente le nombre d'épi/m² le plus élevée (365), la valeur la plus faible est notée chez HD55 (279.33).

4.2.3. Rendements

4.2.3.1. Rendement en biomasse aérienne (g/m²)

Les valeurs moyennes de la biomasse aérienne et l'interprétation statistique des résultats sont consignées dans le tableau 4.24.

Le tableau de l'analyse de la variance de la biomasse aérienne est porté en annexe.

Tableau 4.24. Valeurs moyennes de la biomasse aérienne des lignées étudiées (g/m²)

lignées	la biomasse aérienne (g/m²)	Groupes homogènes	Interprétation statistique
T	980,50	AB	
HD54	1111,67	AB	
P	1280,00	AB	Effets variétés : S
HD59	1019,75	AB	Effets blocs : NS
HD65	1211,50	AB	
HD63	1257,08	AB	C.V :
HD60	1603,83	A	20.69 %
HD55	798,67	B	

La figure 4.33 illustre les valeurs de ce paramètre.

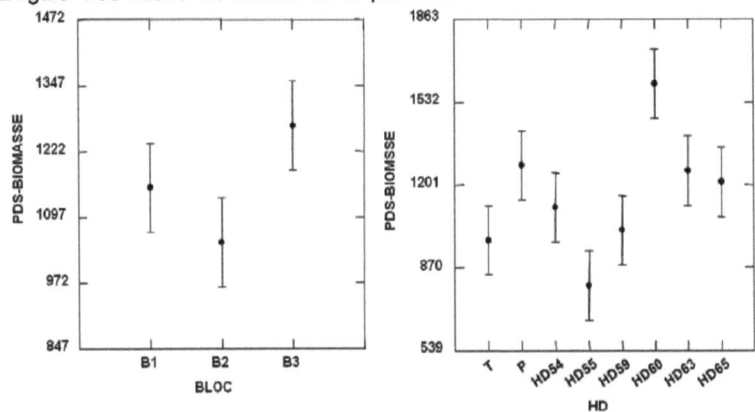

Figure 4.33. Biomasse aérienne de lignées étudiées (g/m²)

Les résultats de l'analyse de la variance révèlent une différence significative entre les lignées pour ce paramètre et une différence non significative entre les blocs

Le classement des moyens révèle l'existence de deux groupes homogènes qui se chevauchent pour les lignées : T, HD54, P, HD59, HD65, HD63.

Le poids de la biomasse aérienne le plus lourd est signalé chez HD60 (1603,83g/m²), tandis que HD55 enregistre le poids le plus faible (798.67 g/m²).

4.2.3.2. Rendement en paille (g/m²)

Les valeurs moyennes du rendement en paille et l'interprétation statistique des résultats sont consignées dans le tableau 4.25.

Le tableau de l'analyse de la variance du rendement en paille est porté en annexe

Tableau 4.25. Valeurs moyennes du rendement en paille (g/m²) des lignées étudiées

lignées	rendement en paille (g/m²)	Groupes homogènes	Interprétation statistique
T	472,33	ABC	
HD54	421,92	BC	
P	646,25	A	Effets variétés : HS
HD59	360,83	BC	Effets blocs : NS
HD65	388,08	BC	
HD63	504,33	ABC	C.V :
HD60	581,42	AB	18.89 %
HD55	330,17	C	

La figure 4.34 illustre les valeurs de ce paramètre.

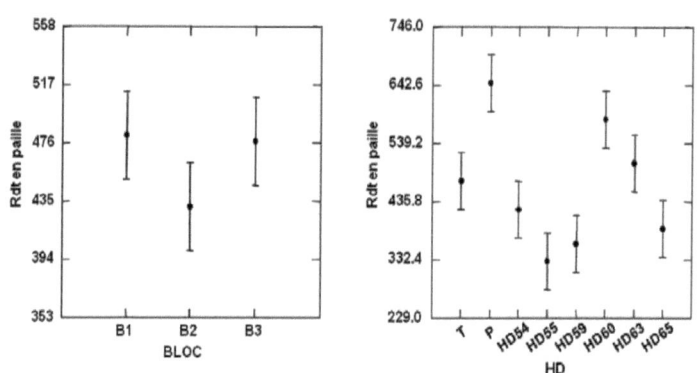

Figure 4.34. Rendement en paille des lignées étudiées (g/m²)

L'analyse de la variance montre une différence hautement significative entre les HDs pour ce paramètre et une différence non significative entre les blocs. Le classement des moyennes révèle l'existence de trois groupes homogènes qui se chevauchent pour les lignées : T, HD54, HD59, HD65, HD63, HD60.

Le parent plaisante présente le rendement en paille le plus élevé (646.25 g/m²) ; la valeur la plus faible est notée chez HD55 (330.17 g/m²).

4.2.3.3. Rendement en grain calculé (g/m²)

Les valeurs moyennes du rendement en grains calculé et l'interprétation statistique des résultats sont consignées dans le tableau 4.26.

Le tableau de l'analyse de la variance du rendement calculé est porté en annexe.

Tableau 4.26. Valeurs moyennes du rendement en grains calculé des lignées étudiées (g/m²).

lignées	rendement en grains calculé (g/m²)	Groupes homogènes	Interprétation statistique
T	530,59	AB	
HD54	556,83	A	
P	592,00	A	Effets variétés : S
HD59	535,41	AB	Effets blocs : NS
HD65	559,50	A	
HD63	518,57	AB	C.V :
HD60	592,91	A	8.91 %
HD55	431,04	B	

La figure 4.35 illustre les valeurs de ce paramètre.

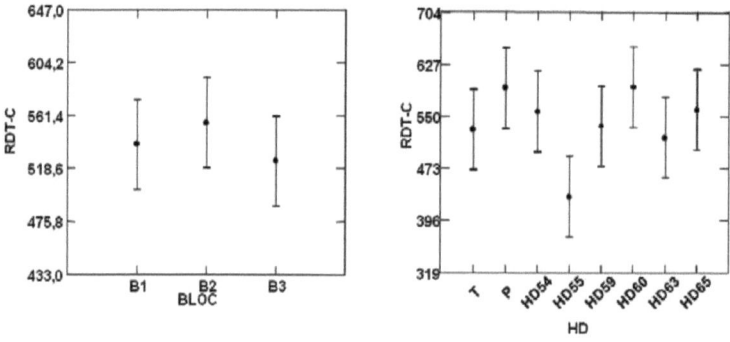

Figure 4.35. Rendement en grains calculé (g/m²)

L'analyse de la variance révèle une différence significative entre les lignées et l'effet bloc est non significatif. Le test de Newman-Keuls fait ressortir deux groupes homogènes qui se chevauchent pour les lignées : T, HD59, HD63.

HD60 donne le rendement en grain calculé le plus élevé (592.91 g/m²), et HD55 le plus faible (431.04 g/m²).

4.2.3.4. Rendement en grain réel (g/m²)

Les valeurs moyennes du rendement en grain réel et l'interprétation statistique des résultats sont consignées dans le tableau 4.27.

Le tableau de l'analyse de la variance du rendement réel est porté en annexe.

Tableau 4.27. Valeurs moyennes du rendement en grains réel des lignées étudiées (g/m²)

lignées	rendement en grains réel (g/m²)	Groupes homogènes	Interprétation statistique
T	484,08	B	
HD54	491,50	B	
P	527,50	B	Effets variétés : S
HD59	660,33	AB	Effets blocs : NS
HD65	592,92	AB	
HD63	681,83	AB	C.V :
HD60	844,42	A	21.04 %
HD55	471,58	B	

La figure 4.36 illustre les valeurs de ce paramètre.

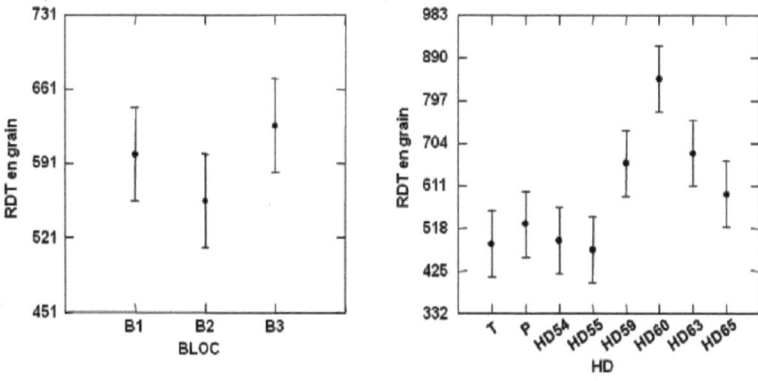

Figure 4.36. Rendement en grains réel (g/m²)

L'analyse de la variance montre une différence significative entre les lignées pour ce paramètre et une différence non significative entre les blocs. Le test de Newman-Keuls fait ressortir trois groupes homogènes qui se chevauchent pour les lignées : HD59, HD65, HD63.

HD60 présente le rendement réel le plus élevé (844.42 g/m²), et la valeur la plus faible est notée chez HD55 (478.58 g/m²).

4.2.3.5. Indice de récolte

Les valeurs moyennes du l'indice de récolte et l'interprétation statistique des résultats sont consignées dans le tableau 4.28.

Le tableau de l'analyse de la variance l'indice de récolte est porté en annexe.

Tableau 4.28. Valeurs moyennes du l'indice de récolte des lignées étudiées

lignées	l'indice de récolte	Groupes homogènes	Interprétation statistique
T	0,49	AB	
HD54	0,44	B	
P	0,41	B	Effets variétés : S
HD59	0,71	A	Effets blocs : NS
HD65	0,50	AB	
HD63	0,54	AB	C.V :
HD60	0,53	AB	17.04 %
HD55	0,58	AB	

La figure 4.37 illustre les valeurs de ce paramètre.

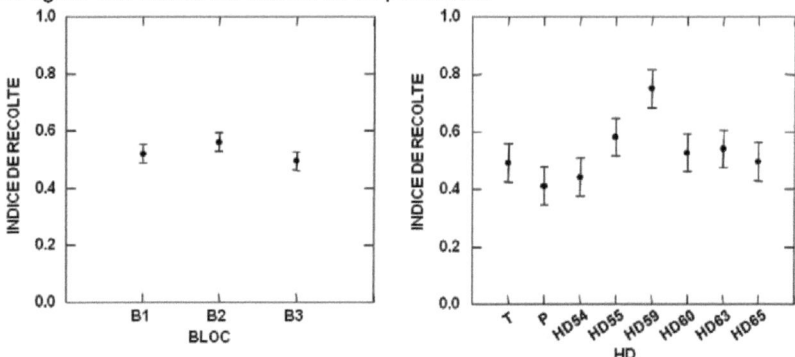

Figure 4.37. Indice de récolte

L'analyse de la variance montre une différence significative entre les lignées pour ce paramètre et une différence non significative entre les blocs. Le test de Newman-Keuls fait ressortir deux groupes homogènes qui se chevauchent pour les lignées : T, HD65, HD63, HD60, HD50.

L'indice de récolte le plus élevé est noté chez HD59 (0.71), alors que le parent Plaisente enregistre l'indice de récolte le plus faible (0.41).

4.2.4. Etude des corrélations :

4.2.4.1. Caractères morphologiques

L'étude des corrélations a été réalisée sur l'axe 1, 2, du moment qu'ils présentent une forte contribution à l'identification des nuages avec les valeurs respectives de 64.16% et 33.26%.

Le cercle de corrélation (figure 4.38) n'exclut aucune lignée de la corrélation.

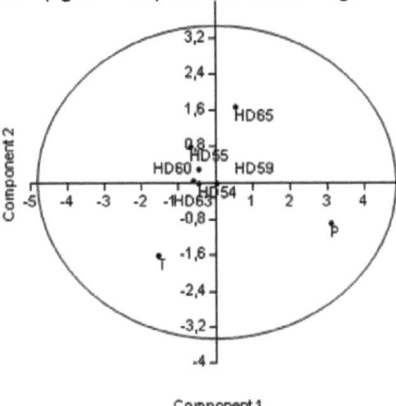

Figure 4.38: Cercle de corrélation de lignées avec les caractères morphologiques

Une classification hiérarchique ascendante (CHA) des différentes lignées pour les caractères morphologique (calculée par le biais des distances euclidiennes) a été réalisée

Les calculs de la distance euclidienne sont basés sur un axe de similarité de -2.4 (figure 4.39).

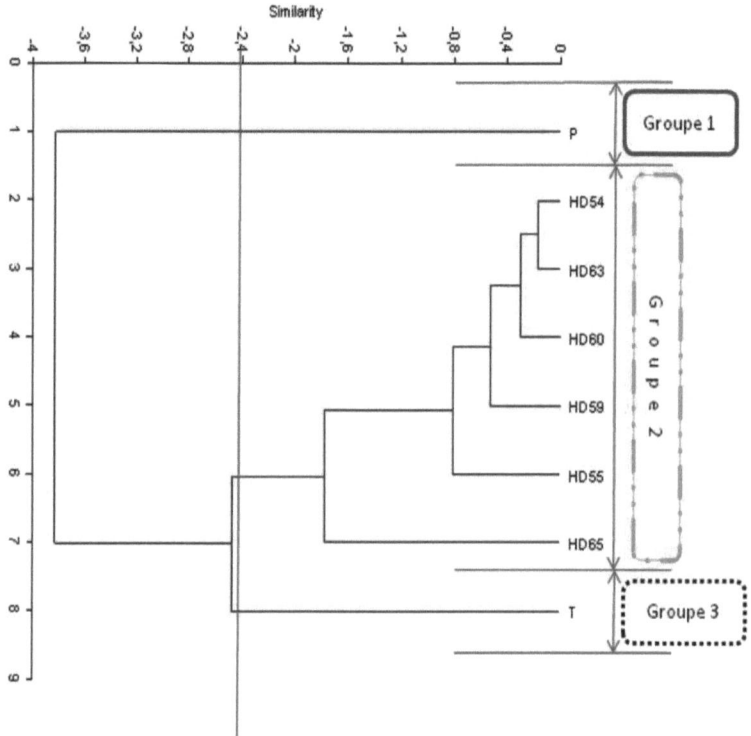

Figure 4.39: Classification hiérarchique ascendante des différentes lignées pour les caractères morphologiques (calculée par le biais des distances euclidiennes)

D'autre part, une étude complémentaire basée sur l'Analyse en Composantes Principales (ACP), effectuée sur les différents traitements, montre la présence d'une corrélation positive entre les valeurs constituant la matrice des données, ceci est vérifié par le cercle de corrélation.

A partir de la CHA, nous avons tracé les groupes homogènes sur l'ACP (figure 4.40).

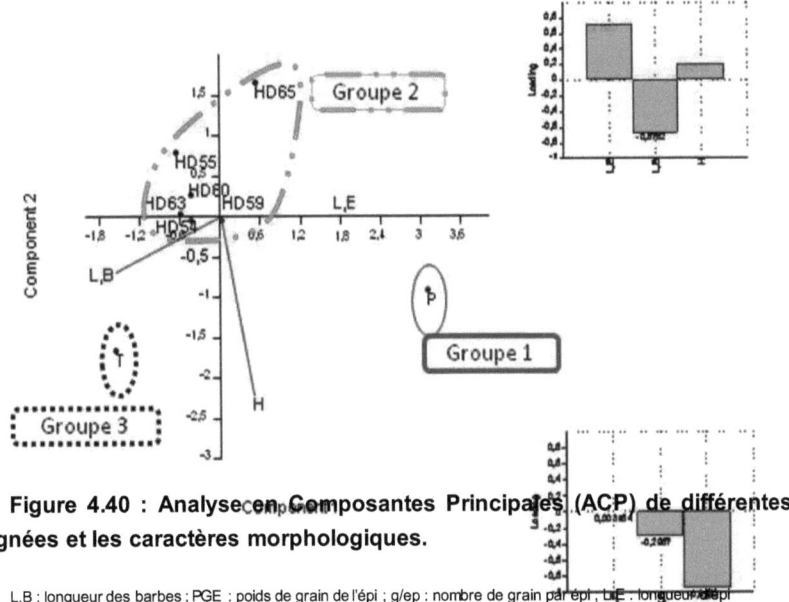

Figure 4.40 : Analyse en Composantes Principales (ACP) de différentes lignées et les caractères morphologiques.

L.B : longueur des barbes ; PGE : poids de grain de l'épi ; g/ep : nombre de grain par épi ; L.E : longueur de l'épi

Le premier groupe est constitué du parent Plaisente qui est corrélé positivement avec les vecteurs : longueur d'épi et hauteur des tiges, et corrélé négativement avec la longueur des barbes

Le deuxième groupe comporte HD60, HD54, HD59, HD55, HD63 et HD65. Ce groupe est corrélé positivement avec tous les vecteurs.

Le troisième groupe composé du parent Tichedrett, est corrélé positivement avec les vecteurs : longueur des barbes et négativement avec la longueur d'épi.

4.2.4.2. Caractères agronomiques

L'étude des corrélations a été réalisée sur l'axe 1, 2, du moment qu'ils présentent une forte contribution à l'identification des nuages avec les valeurs respectives de 53.4% et 18.3%.

Le cercle de corrélation (figure 4.41) n'exclut aucune lignée de la corrélation.

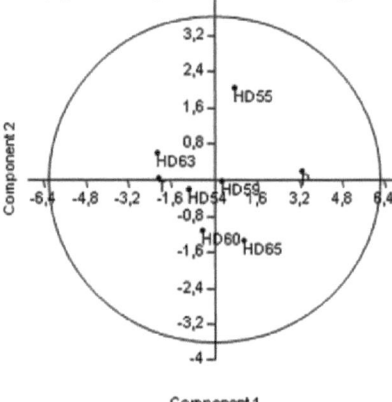

Figure 4.41: Cercle de corrélation de lignées avec les caractères agronomiques

Une classification hiérarchique ascendante (CHA) des différentes lignées pour les caractères morphologique (calculée par le biais des distances euclidiennes) a été réalisée.

Les calculs de la distance euclidienne sont basés sur un axe de similarité de (-2,4) (figure 4.42).

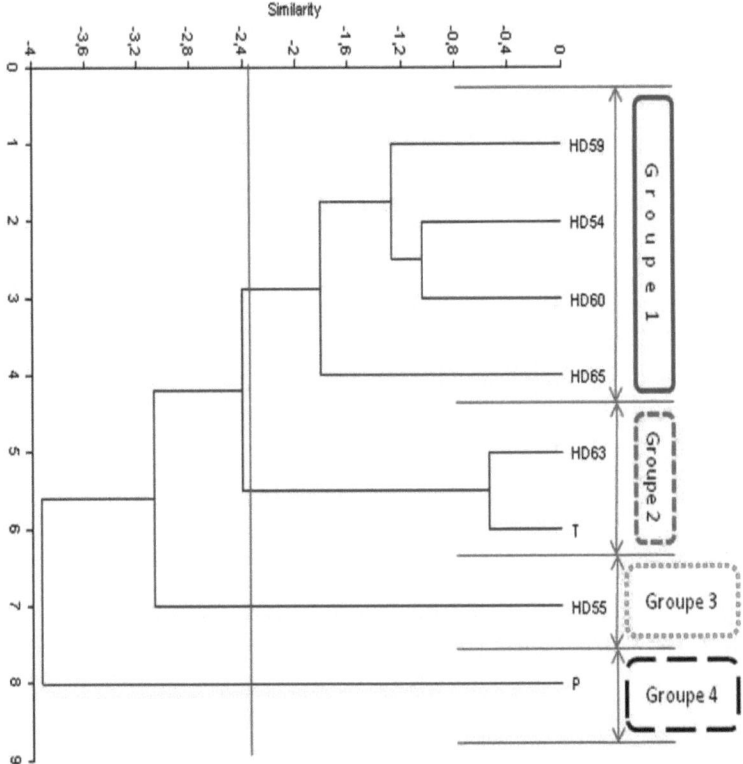

Figure 4.42:Classification hiérarchique ascendante des différentes lignées pour les caractères agronomiques (calculée par le biais des distances euclidiennes)

D'autre part, une étude complémentaire basée sur l'Analyse en Composantes Principales (ACP), effectuée sur les différents traitements, montre la présence d'une corrélation positive entre les valeurs constituant la matrice des données, ceci est vérifié par le cercle de corrélation.

A partir de la CHA, nous avons tracé les groupes homogènes sur l'ACP. (Figure 4.43)

95

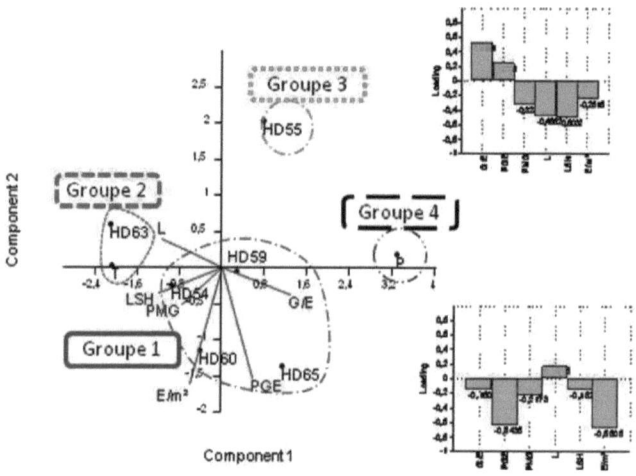

Figure 4.43 : Analyse en Composantes Principales (ACP) de différentes lignées et les caractères agronomiques.

Le premier groupe composé de : HD59, HD54, HD65, HD60, est corrélé positivement avec l'ensemble des vecteurs.

Le deuxième groupe qui est constitué de HD63 et T est corrélé positivement avec les vecteurs : nombre de plant levée /m², levée sortie hiver/m² et le PMG ; et négativement avec le nombre de grain par épi et le poids de grain de l'épi

Le troisième groupe est composé de HD55. Ce groupe n'est pas corrélé avec les vecteurs.

Le quatrième groupe est constitué du Parent Plaisente. Il est corrélé positivement avec les vecteurs : nombre de grain par épi et le poids de grain de l'épi ; et négativement avec : nombre de plant levée /m², levée sortie hiver/m².

4.2.4.3. Rendements

L'étude des corrélations a été réalisée sur l'axe 1, 2, du moment qu'ils présentent une forte contribution à l'identification des nuages avec les valeurs respectives de 61.35% et 28.87%.

Le cercle de corrélation (figure 4.44) n'exclut aucune lignée de la corrélation.

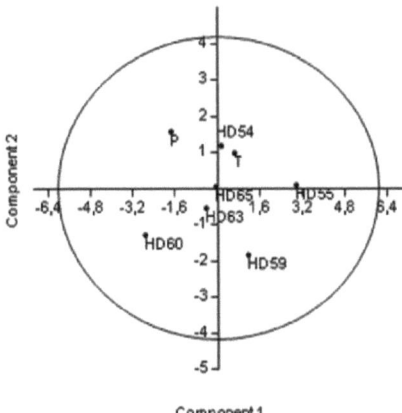

Figure 4.44: Cercle de corrélation de lignées avec les rendements

Une classification hiérarchique ascendante (CHA) des différentes lignées pour les caractères morphologique (calculée par le biais des distances euclidiennes) a été réalisée.

Les calculs de la distance euclidienne sont basés sur un axe de similarité de (-2 ,4) (figure 4.45).

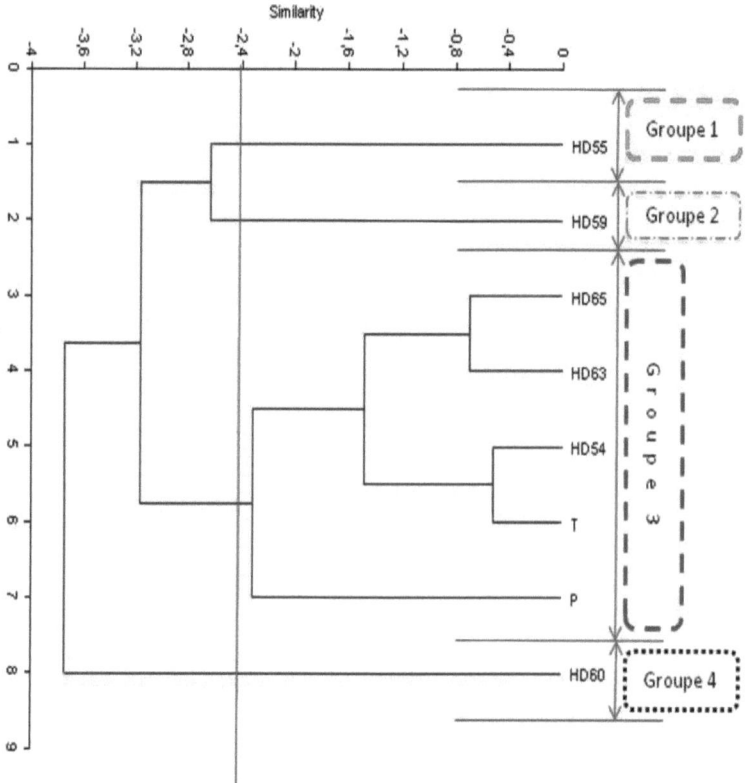

Figure 4.45: Classification hiérarchique ascendante des différentes lignées pour les rendements (calculée par le biais des distances euclidiennes)

D'autre part, une étude complémentaire basée sur l'Analyse en Composantes Principales (ACP), effectuée sur les différents traitements, montre la présence d'une corrélation positive entre les valeurs constituant la matrice des données, ceci est vérifié par le cercle de corrélation.

A partir de la CHA, nous avons tracé les groupes homogènes sur l'ACP. (Figure 4.46)

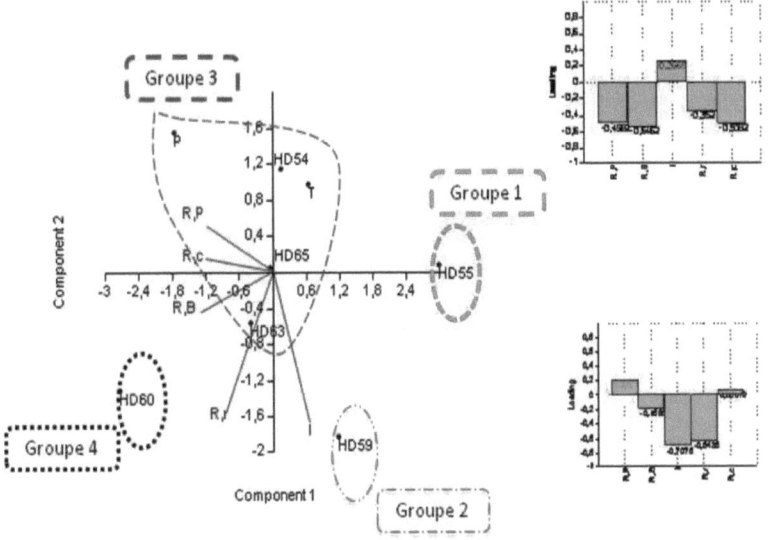

Figure 4.46 : Analyse en Composantes Principales (ACP) de différentes lignées et les rendements différentes lignées et les caractères de la plante.

Le premier groupe composé de : HD55 est corrélé négativement avec l'ensemble des vecteurs ; il représente la lignée la plus faible pour les rendements.

Le deuxième groupe qui est constitué de HD59 est corrélé positivement avec le vecteur : indice de récolte.

Le troisième groupe est composé de P, HD63, HD54, HD65, T. Ce groupe est corrélé avec l'ensemble des vecteurs.

Le quatrième groupe est constitué du HD60. Il est corrélé positivement avec les vecteurs : rendement réel et rendement en biomasse.

CHAPITRE 5
DISCUSSION GENERALE

5. 1. Caractères morphologiques

5.1.1. Longueur de l'épi

Selon JONARD [67], la longueur de l'épi est une caractéristique variétale peu influençable par la variation du milieu. ZOUADINE [68], note que la fertilisation azotée influe positivement sur la longueur de l'épi. Les variétés les plus tolérantes aux contraintes hydrique apparaissent être celles qui ont l'épi les plus long. Dans notre essai il s'agit de : HD21, HD37 (T*E) et P, HD65 (T*P).

D'après NACHIT et *al.* [69], l'épi court contribue à la limitation des pertes en eau.

5.1.2. Longueur des barbes

EVANS et *al.* [70], ont noté une contribution des assimilats photosynthétisés par l'épi pour le remplissage des grains en conditions de stress hydrique de 13 à 24% pour les épis non barbus et de 34 à 43 % pour les épis barbus.

Cependant, les barbes n'augmentent pas le rendement en grain en conditions d'irrigation, et n'ont pas d'effet sur le nombre de grains par épi.

BALDY [71], et GATE et *al.* [72], confirment que les barbes contribuent à l'adaptation à la sécheresse, grâce à leur capacité à compenser la sénescence foliaire ; ils estiment que les variété a barbes longues sont les mieux adaptées aux conditions de sécheresse ; donc Le parent Tichedrett est le plus résistant des lignées pour T*E, et le parent Plaisant est le plus résistant pour T*P.

5.1.3. Hauteur de la tige

D'après ADDA [73], Une hauteur élevée de la paille est souvent associée à une bonne résistance à la sécheresse, qui s'expliquerait selon, BENABDALLAH et

BENSALEM [74], par les quantités d'assimilats stockés au niveau des tiges qui sont les principaux organes de réserves. Selon MONNEVEUX [75], la productivité en grain est plus ou moins importante chez les variétés à tige haute par rapport à celles des variétés à tige courtes qui tallent plus.

De son côté, BAGGA et al [76], indiquent que le fait d'une taille élevée du chaume est souvent associé à un système racinaire profond et donc une meilleure aptitude à extraire l'eau et les éléments nutritifs du sol.

LALOUX [77], note que l'allongement de la tige est conditionné en partie par une bonne nutrition azotée.

Selon MONNEVEUX [75], les variétés à tiges hautes résistent mieux à la sécheresse que les variétés à tiges courtes grâce aux quantités d'assimilas au niveau des tiges principaux organes de réserve ; dans notre essai il s'agit des lignées HD26, HD21, HD31 pour T*E, et des deux parents pour T*P.

5.2. Caractères agronomiques

5.2.1. Nombre de grains par épi

Le nombre de grains par épi varie entre 27.63 et 40,25 pour le dispositif (T*E) et entre 31.62 à 40.2 pour le dispositif (T*P). Les résultats de ce paramètre rejoignent ceux de BAHLOULI [78], ALI DIB et MONNEVEUX [79], qui montrent que le nombre de grains par épi varie de 30 à 50.

Selon MOSSEDDAQ et MOUGHLI [80], le nombre de grains par épi est déterminé par le nombre d'épillets potentiels par épi et la fertilité de l'épi. Cependant, l'augmentation du nombre d'épis se traduit par une diminution de leur fertilité [81]. Selon JONARD [76], les variations du nombre de grains par épi sont surtout dues aux conditions d'alimentation minérale dont l'azote est l'un des principaux éléments.

JONARD [76], a noté une variation du nombre de grains/épi qui est surtout due aux conditions d'alimentation minérale surtout la fertilisation en potassium [138]. Le même auteur, a noté que les valeurs optimales du nombre de grains par épi permettant l'obtention de rendements plus élevés, en zone méditerranéenne et en absence de déficit hydrique, oscillent entre 38 et 51. Mais GATE [72], souligne qu'une carence en azote minéral au cours de la fécondation réduit le nombre de grains/épi en conséquence il y a augmentation du nombre de fleurs avortées.

Selon GRIGNAC [82], le déficit hydrique s'oppose à l'élaboration du nombre de grains par épi car il affecte la fertilité de l'épi.

D'après GATE et *al.* [83], et JOUVE [85], les principales conséquences de la sécheresse survenant durant la période fin montaison–début épiaison, sont la réduction du nombre d'épis par unité de surface et du nombre de grains par épi.

Selon TAUREAU [86], et GATE [83], une carence en azote aux alentours de la fécondation réduit le nombre de grains par épi en augmentant le nombre de fleurs avortées.

5.2.2. Le poids de grain de l'épi

Selon KAYYAL [87], les températures élevées diminuent la durée du remplissage du grain, en augmentant la vitesse de croissance de se dernier ; donc le poids du grain mur diminua significativement à les températures les plus élevées qui sont enregistrées au mois de mai de la compagne 2010/2011.

5.2.3. Poids de mille grains (PMG)

GRIGNAC [82], affirme que le poids de 1000 grains diminue considérablement sous l'effet des fortes températures et d'un déficit hydrique au moment du remplissage du grain. Il ajoute que le poids de 1000 grains optimal qui permet d'obtenir des rendements les plus élevés devrait être supérieur à 48g ; il s'agit, dans notre essai, de : E,HD25 ,HD11,HD13,HD38,HD24,HD40,T ,HD10,HD2,HD14,HD19,HD39 pour (T*E) et de T et HD54 pour (T*P)   . Ce paramètre dépend aussi de la continuité de la nutrition azotée jusqu'à la maturation [88]. COUVREUR [89], affirme que le poids de 1000 grains dépend de la phase de remplissage des grains   et il est sous la dépendance des principales conditions d'alimentation hydrique et le niveau des températures de l'air.

Ce même auteur ajoute qu'une forte évapotranspiration potentielle ou des températures élevées pendant le mois précédent l'épiaison induisent la formation de petits grains.

5.2.4. Nombre de pieds levés par mètre carré

Selon PREVOST [90], le nombre de plants par mètre carré est influencé par deux conditions importantes :

1. Conditions liées à la graine regroupées sous les notions de faculté germinative et énergie germinative.
2. Conditions extérieurs qui sont les conditions pédoclimatiques (l'eau, l'oxygène, la température et le sol) ; notant que les fortes averses ont engendré des anomalies de levée pour les deux dispositifs (T*E et T*P).

5.2.5. Nombre de pieds levés par mètre carré à la sortie d'hiver

BOISGONTIER [91], note que le nombre de plants à la sortie d'hiver est inférieur au nombre de grains semés, ces pertes peuvent provenir selon GATE [83], de la semence (faculté germinative), du sol (sol plus ou moins caillouteux), de son état structural (les battances), ainsi que des conditions climatiques postérieures au semis. D'autre part, MASSE et THEVENET [92], notent que l'essentiel des disparitions des pieds a lieu pendant la phase germination - levée et au cours de l'hiver. JOUVE [85], ajoutent que tous les semis dont la phase germination-levée a coïncidé avec la sécheresse d'hivers, ont une levée médiocre.

Les pertes enregistrées dans nos deux essais étaient de 8.6% et 9.02 pour les dispositifs (T*E) et (T*P) respectivement.

5.2.6. Nombre d'épis par mètre carré

Le nombre d'épis par mètre carré dépend en premier lieu du facteur génétique puis la densité de semis, de la puissance de tallage, elle-même est conditionnée par la nutrition azotée et l'alimentation hydrique de la plante pendant la période de tallage [93]. De son coté, COUVREUR [89], indique que le nombre d'épis par mètre carré est lié à l'état de la végétation à la sortie de l'hiver (nombre de plants et l'état de tallage).

LALOUX [76], indique que les talles mal nourries donnent des épiochons (petit épis) qui sont plus nuisibles qu'utiles ; dans notre essai les épiochons étaient très rares ce qui implique une bonne nutrition des talles.

En effet, le peuplement épis est déterminé par le niveau de tallage herbacé et par l'intensité de la régression du nombre de tiges pendant la montée [151],
Pendant cette période, l'alimentation en eau et en azote ne doit pas être insuffisante, si l'on veut que l'ensemble des talles épis potentielles montent [88].

A forte densité de peuplement GAUDILLIERE et BARCELO [95], ont observé des arrêts de croissance et des régressions des talles pendant la montaison.

5.3. Les Rendements

5.3.1. Biomasse aérienne (g/m²)

Selon MOSSEDDAQ et MOUGHLI [88], les quantités d'azote apportées et leur date d'application affectent très fortement la production de biomasse ; les apports au début du cycle se sont traduits par une grande production en biomasse pour les deux dispositifs (T*E et T*P).

5.3.2. Rendement en grain réel (g/m²)

GATE et al [84], affirment que les causes de la variation du rendement peuvent être de deux types : le génotype et la période d'apparition du déficit hydrique.

BOUZERZOUR [98], rapporte que dans des milieux variables il faut assurer une production de biomasse aérienne suffisante pour garantir un rendement en grain acceptable.

5.3.3. Indice de récolte

AURIAU [97], affirme qu'une meilleure adaptation des céréales aux zones arides apparaît liée à un rapport grain sur biomasse élevé.

5.4. Etude des corrélations

Nos résultats montrent que le rendement est corrélé de manière significative et positive aux nombres de grains par épi et au peuplement épis. Cette relation entre le nombre d'épis par m² et le rendement en grains varie en fonction des espèces et des variétés ; Cela suggère donc que la pénalisation du rendement par l'apparition du déficit hydrique est due essentiellement à son effet sur les principales composantes du rendement [99].

Plusieurs travaux ont montré une forte corrélation entre le rendement en biomasse aérienne et nombre d'épis par m² [47]. Les résultats de la présente étude concordes avec ceux de BOUZERZOUR et *al.* [46], qui trouve que la biomasse aérienne et le nombre d'épi/m² sont positivement corrélé.

Une biomasse aérienne élevée est donc issue d'une contribution importante du nombre d'épi/m². Cette contribution explique, en partie, la contribution de la biomasse aérienne au rendement en grain.

Parmi les caractéristiques mesurées, celles qui peuvent servir à prédire le rendement sont le nombre d'épis/m² et la biomasse aérienne. A ce sujet, SIDDIQUE et *al.* [101], mentionnent qu'en zone semi-arides, la biomasse aérienne et une caractéristique qui traduit bien la capacité d'un génotype à utiliser au mieux les potentialités du milieu. BOUZERZOUR et *al.* [46], trouvent que la précocité, l'indice de récolte et la biomasse aérienne sont des caractères étroitement associés au rendement en grains. Ces caractères interviennent donc directement ou indirectement dans l'élaboration du rendement de l'orge en zones semis arides.

Un haut rendement chez les lignées aussi bien que chez les parents est donc la résultante de la production d'une biomasse aérienne et d'un nombre d'épi élevés.

Les différences de hauteur des plantes et de poids de 1000 grains contribuent à l'expression des différences de rendement surtout indirectement via la biomasse aérienne

Chez les céréales à petit grain, la biomasse où la surface foliaire aux stades précoces du développement a été aussi positivement corrélée au rendement grain sous des environnements de type méditerranéen, en raison de la réduction des pertes d'eau du sol par évaporation d'une part et l'accroissement de l'efficacité d'utilisation de l'eau , d'autre part (La relation entre le rendement et l'eau disponible pour la culture à travers les précipitations et /ou l'irrigation), quand la croissance se déroule dans la saison froide [102].

La présence des barbes joue un rôle important dans le remplissage du grain. GATE et al. [84], ont mentionné qu'après l'épiaison, quand la dernière feuille devient sénescente, les derniers organes chlorophylliens (glumes et barbes) jouent un rôle prédominant dans le remplissage du grain. Par contre certains auteurs comme KARMER ET DIDDEN [164], BORT et al. [103]. indiquent que la présence des barbes diminue le rendement en conditions d'arrosage. Ces résultats s'opposent à ceux de notre essai pour les deux dispositifs où l'on note la présence d'une faible corrélation positive entre la longueur des barbes et le P.M.G. (r=+0,58).

5.5 Tableau récapitulatif des principaux résultats

Les principaux résultats concernant les caractères suivant lesquels se distinguent les haploides doublés issus des deux croisements étudiés sont reportés dans le tableau ci après.

Tableau 5.1. Récapitulatif des principaux résultats

Caractères / dispositif	Caractères morphologiques	Caractères agronomiques	rendements
T*E	HD40, HD39, HD38, HD1, HD46, HD45, HD5, HD14, HD12, HD2, HD16, HD43, HD15, HD35, HD30, HD24, HD11, HD19, HD13, HD10, E, HD25,	HD35, HD5, HD19, E, HD15, HD12, HD25, HD16, HD46, HD14, HD13, HD30, HD43, HD24, HD1, HD10,HD45, HD2, HD31, HD38, HD26, HD40, HD21, HD39	HD35, HD5, HD19, HD15, HD12, HD25, HD37, HD16, HD46, HD14, HD13, HD30, HD43, HD24, HD1, HD10, HD45, HD11
T*P	HD60, HD54, HD59, HD55, HD63 et HD65	HD59, HD54, HD65, HD60	P, HD63, HD54, HD65, T

Conclusion

L'étude réalisée durant la campagne 2010 /2011 a porté sur l'évaluation des lignées haploïdes doublées. L'objectif de cette évaluation est de déterminer les lignées les plus adaptées et les plus performantes du point de vue productivité et adaptabilité dans les zones semi-arides.

La mise en culture des différentes lignées d'orge a montré une variabilité génotypique hautement significative pour la quasi-totalité des paramètres étudiés. Elle indique une importante diversité biologique entre les différents génotypes d'orge.

L'expérimentation a été réalisée en conditions de début de campagne relativement humide; à des températures, saisonnières dans l'ensemble, et un taux d'humidité élevé au mois de février.

L'adaptabilité et les performances ont été évaluées suivant l'étude des caractères morphologiques et agronomiques et les rendements des différentes lignées.

L'analyse de l'ensemble des paramètres permet de tirer les conclusions suivantes, valables pour la région semi-aride d'El Kheroub et les conditions climatiques de l'année d'essai.

Concernant le dispositif T*E :

HD40, HD39, HD38, HD1, HD46, HD45, HD5, HD14, HD12, HD2, HD16, HD43, HD15, HD35, HD30, HD24, HD11, HD19, HD13, HD10 et HD25, sont apparues comme les meilleures lignées pour les caractères morphologiques, de même que pour le parent E.

En revanche, HD35, HD5, HD19, E, HD15, HD12, HD25, HD16, HD46, HD14, HD13, HD30, HD43, HD24, HD1, HD10,HD45, HD2, HD31, HD38, HD26, HD40, HD21 et HD39, se sont avérées sont les meilleures lignées pour les caractères agronomiques, de même que pour le parent E.

Quant aux lignées : HD35, HD5, HD19, HD15, HD12, HD25, HD37, HD16, HD46, HD14, HD13, HD30, HD43, HD24, HD1, HD10, HD45 et HD11, elles ont montré des meilleures capacités pour le rendement.

Concernant le dispositif T*P :

HD60, HD54, HD59, HD55, HD63 et HD65, se sont avérées, les meilleures lignées pour les caractères morphologiques.

Par contre, HD59, HD54, HD65 et HD60, sont les meilleures pour les caractères agronomiques.

Quant aux lignées HD63, HD54, HD65, et aux parents, ils se distingués par les plus hautes capacités de rendement.

Toutefois, les résultats de cette étude ne représentent qu'une étape dans l'identification de ces lignées étudiées. Il serait souhaitable d'approfondir l'étude de comportement de ces lignées dans des conditions différentes de celles de la région d'étude et déterminer, si possible, dans un avenir proche la carte génétique du meilleur croisement (T*E, T*P) afin d'identifier les régions du génome impliquées dans l'adaptabilité.

APPENDICE A

DISPOSITIF (T*E)

Tableau 01 : Analyse de la variance de la longueur de l'épi

source	SCE	DDL	CM	F	P	E,T	C,V
bloc	2,337	2	1,169	7,312	0,002		
hd	18,293	26	0,704	4,403	0,000		
residuelle	8,31	52	0,16			0,4	7,53
totale	28,94	80	2,033				

Tableau 02: Analyse de la variance de la longueur des barbes

source	SCE	DDL	CM	F	P	E,T	C,V
bloc	4,607	2	2,303	11,641	0,000		
hd	20,848	26	0,802	4,053	0,000		
residuelle	10,288	52	0,198			0,44	3,63
totale	35,743	80	3,303				

Tableau 03: Analyse de la variance du nombre de grain/épi

source	SCE	DDL	CM	F	P	E,T	C,V
bloc	7,862	2	3,931	0,263	0,77		
hd	733,491	26	28,211	1,884	0,026		
residuelle	778,584	52	14,973			3,86	11,52
totale	1519,937	80	47,115				

Tableau 04: Analyse de la variance du poids de grain de l'épi

source	SCE	DDL	CM	F	P	E,T	C,V
bloc	0,106	2	0,053	1,243	0,297		
hd	2,408	26	0,093	2,163	0,009		
residuelle	2,226	52	0,043			0,20	12,68
totale	4,74	80	0,189				

Tableau 05: Analyse de la variance du PMG

source	SCE	DDL	CM	F	P	E,T	C,V
bloc	5,42	2	2,71	1,2	0,309		
hd	469,586	26	18,061	7,996	0,000		
residuelle	117,46	52	2,259			1,50	3,12
totale	592,466	80	23,03				

Tableau 06: Analyse de la variance du poids de la biomasse

source	SCE	DDL	CM	F	P	E,T	C,V
bloc	444967,159	2	222483,579	2,125	0,13		
hd	5049673,77	26	194218,222	1,855	0,029		
residuelle	5444166,84	52	104695,516			323,56	24,60
totale	10938807,8	80	521397,317				

Tableau 07: Analyse de la variance du rendement réel

source	SCE	DDL	CM	F	P	E,T	C,V
bloc	34657,9	2	17328,9	2,492	0,093		
hd	311837,7	26	11993,7	1,725	0,047		
residuelle	361532,6	52	6952,5			83,38	13,08
totale	708028,2	80	36275,2				

Tableau 08: Analyse de la variance du rendement calculé

source	SCE	DDL	CM	F	P	E,T	C,V
bloc	47043,869	2	23521,934	3,439	0,04		
hd	350389,433	26	13476,517	1,97	0,019		
residuelle	355639,374	52	6839,219			82,69	16,15
totale	753072,676		43837,67				

Tableau 09: Analyse de la variance de l'indice de récolte

source	SCE	DDL	CM	F	P	E,T	C,V
bloc	0,056	2	0,028	2,544	0,088		
hd	0,765	26	0,029	2,66	0,001		
residuelle	0,575	52	0,011			0,10	20,47
totale	1,396		0,068				

Tableau 10: Analyse de la variance de la hauteur des tiges

source	SCE	DDL	CM	F	P	E,T	C,V
bloc	406,691	2	203,346	17,001	0,000		
hd	1276,099	26	49,081	4,103	0,000		
residuelle	621,975	52	11,961			3,45	3,92
totale	2304,765	80	264,388				

Tableau 11: Analyse de la variance du nombre de pieds levée par mètre carré

source	SCE	DDL	CM	F	P	E,T	C,V
bloc	104,321	2	52,16	0,084	0,919		
hd	36615,432	26	1408,286	2,279	0,006		
residuelle	32129,012	52	617,866			24,85	19,90
totale	68848,765	80	2078,312				

Tableau 12: Analyse de la variance du nombre de pieds levée par mètre carré à la S.H

source	SCE	DDL	CM	F	P	E,T	C,V
bloc	649,58	2	324,79	0,646	0,528		
hd	27226,988	26	1047,192	2,084	2,084		
residuelle	26132,42	52	502,547			22,41	19,49
totale	54008,988	80	1874,529				

Tableau 13: Analyse de la variance du nombre d'épi /m2

source	SCE	DDL	CM	F	P	E,T	C,V
bloc	7622,247	2	3811,123	4,836	0,012		
hd	61153,654	26	2352,064	2,985	0,000		
residuelle	40977,086	52	788,021			28,07	8,85
totale	109752,987	80	6951,208				

Tableau 14: Analyse de la variance du rendement en paille

source	SCE	DDL	CM	F	P	E,T	C,V
BLOC	13886,43	2	6943,21	0,356	0,702		
HD	1166 461	26	44863,90	2,3	0,005		
residuelle	1014 129,8	52	19502,49			139,67	26,49
totale	13886,43	80	71309,61				

DISPOSITIF (T*P)

Tableau 01 : Analyse de la variance de la longueur de l'épi

source	SCE	DDL	CM	F	P	E,T	C.V
bloc	0,118	2	0,059	0,663	0,531		
hd	12,314	7	1,759	19,826	0,000		
residuelle	1,242	14	0,089			0,29	6,86
totale	13,674	23	1,907				

Tableau 02: Analyse de la variance de la longueur des barbes

source	SCE	DDL	CM	F	P	E,T	C.V
bloc	0,101	2	0,05	0,345	0,657		
hd	6,552	7	0,936	6,391	0,002		
residuelle	2,05	14	0,146			0,38	3,07
totale	8,703	23	1,132				

Tableau 03: Analyse de la variance du nombre de grain/épi

source	SCE	DDL	CM	F	P	E,T	C.V
bloc	13,748	2	6,874	1,369	0,108		
hd	183,305	7	26,186	5,214	0,004		
residuelle	70,314	14	5,022			2,24	6,76
totale	267,367	23	38,082				

Tableau 04: Analyse de la variance du poids de grain de l'épi

source	SCE	DDL	CM	F	P	E,T	C.V
bloc	0,026	2	0,01	0,768	0,086		
hd	0,15	7	0,021	1,246	0,343		
residuelle	0,241	23	0,017			0,13	8,11
totale	0,417	23	0,051				

Tableau 05: Analyse de la variance du PMG

source	SCE	DDL	CM	F	P	E,T	C,V
bloc	5,203	2	2,602	0,814	0,463		
hd	94,772	7	13,539	4,236	0,010		
residuelle	44,743	14	3,196			1,78	3,80
totale	144,718	23	19,337				

Tableau 06: Analyse de la variance du poids de la biomasse

source	SCE	DDL	CM	F	P	E,T	C,V
bloc	196355,01	2	98177,50	1,71	0,217		
hd	1224652,5	7	174950	3,047	0,036		
residuelle	803956	14	57425,4			239,63	20,69
totale	2224963,6	23	330553,3				

Tableau 07: Analyse de la variance du rendement réel

source	SCE	DDL	CM	F	P	E,T	C,V
bloc	20421,03	2	10210,518	0,653	0,536		
hd	350459,7	7	50065,677	3,2	0,030		
residuelle	219041,46	14	15645,819			125,08	21,04
totale	589922,2	23	75922,014				

Tableau 08: Analyse de la variance du rendement calculé

source	SCE	DDL	CM	F	P	E,T	C,V
bloc	3842,6	2	1921,3	0,83	0,456		
hd	55821,7	7	7974,5	3,445	0,023		
residuelle	32405,8	14	2314,7			48,11	8,91
totale	92070,2	23,00	12210,5				

Tableau 09: Analyse de la variance de l'indice de récolte

source	SCE	DDL	CM	F	P	E,T	C,V
bloc	0,018	2	0,009	1,071	0,369		
hd	0,175	7	0,025	3,058	0,036		
residuelle	0,114	14	0,008			0,08	17,04
totale	0,307	23	0,042				

Tableau 10: Analyse de la variance de la hauteur des tiges

source	SCE	DDL	CM	F	P	E,T	C,V
bloc	25,083	2	12,542	0,963	0,405		
hd	694	7	99,143	7,616	0,001		
residuelle	182,25	14	13,018			3,60	4,2
totale	901,333	23	124,703				

Tableau 11: Analyse de la variance du nombre de pieds levée par mètre carré

source	SCE	DDL	CM	F	P	E,T	C,V
bloc	113,25	2	56,625	0,25	0,782		
hd	5568,667	7	795,524	3,518	0,022		
residuelle	3166,083	14	226,149			15,03	11,52
totale	8848	23	1078,298				

Tableau 12: Analyse de la variance du nombre de pieds levée par mètre carré à la S.H

source	SCE	DDL	CM	F	P	E,T	C,V
bloc	279,75	2	139,875	0,458	0,642		
hd	6031,333	7	861,619	2,822	0,047		
residuelle	4274,917	14	305,351			17,47	15,74
totale	10586	23	1306,845				

Tableau 13: Analyse de la variance du nombre d'épi /m2

source	SCE	DDL	CM	F	P	E,T	C,V
bloc	833,583	2	416,792	0,736	0,497		
hd	15548,292	7	2221,185	3,924	0,014		
residuelle	7925,083	14	566,077			23,797	7,17
totale	24306,958	23	3204,054				

Tableau 14: Analyse de la variance du rendement en paille

source	SCE	DDL	CM	F	P	E,T	C,V
bloc	12367,193	2	6183,596	0,807	0,466		
hd	254344,417	7	36334,917	4,742	0,006		
residuelle	107281,224	14	7662,945			87,53	18,89
totale	373992,834	23	50181,458				

APPENDICE B

DISPOSITIF (T*E)

HD46	HD26	HD31
HD21	HD46	HD26
HD45	HD24	HD45
HD2	T	HD2
HD12	HD35	HD25
HD14	HD5	HD1
T	HD11	HD43
HD35	HD25	HD19
HD26	HD31	HD35
HD5	HD2	HD40
HD24	HD14	HD10
HD37	HD30	HD13
HD30	HD1	HD30
HD40	HD40	HD12
HD43	HD37	HD24
HD13	HD12	HD37
HD38	HD21	HD5
E	HD45	HD16
HD25	HD39	HD21
HD19	HD13	T
HD10	HD38	HD11
HD11	HD43	HD46
HD16	HD10	HD14
HD1	HD16	HD39

HD31	E	HD38
HD15	HD15	HD15
HD39	HD19	E

APPENDICE C

DISPOSITIF (T*P)

T	HD55	HD65
HD45	HD54	HD63
P	HD60	HD60
HD59	HD63	HD59
HD65	P	HD54
HD63	HD59	HD55
HD60	T	P
HD55	HD65	T

REFERENCES BIBLIOGRAPHIQUES

1. BONJEAN A. et PICARD E., 1990. Les céréales à paille : origine, histoire, économie, sélection. Ed. INRA. Paris-France. :350.

2. ITGC, 2000. Programme de développement de la filière céréale. El Harrach-Algérie : 5.

3. Statistiques agricoles, superficies et production. Série B. fév. 2010. DSASI. MADR. Alger. : 64.

4. TALAMALI L., 2000. Libéralisation du marché des céréales en Algérie. Actes du premier symposium international sur la filière blé 2000 : Enjeux et stratégies / Alger 7-9 février 2000 : 11.

5. FELIACHI K., 2000. Programme de développement de la céréaliculture en Algérie .In actes du premier symposium international sur la filière blé : BL 2000. Enjeux et stratégie Alger 7 au 9 février 2000. Ed. OAIC: 21-28. .

6. FAO, 2010. La situation mondiale de l'orge. Service statistique, in www.fao.fr

7. BOUZERZOUR H et BENMOHAMED A, 1995. Analyse graphique du croisement diallèle sur l'orge (Hordeum Vulgar L.) Rev. Céréaliculture N 28 : 41-53.

8. Evolution de la production et de la collecte d'orge de 1999 à 2009, statistiques agricoles, OAIC, Alger, 2009, 4p.

9. ZEGHOUANE O., BOUFENAR F. et YOUSFI M., La technologie semencière : la production de semences des céréales à paille en Algérie ; Alger, 2008, 138p.

10. JESTIN L, 1992. Amélioration des espèces végétales cultivées : objectif et critères de sélection. Ed. INRA. Paris : 5-70

11. VON BOTHMER R. ET JACOBSEN N. (1985) Origin, taxonomy and related species. In: D. Rasmusson (éds). Barley, Agronomy Monograph. 26p

12. GRILLOT G. (1959) La classification des orges cultivées. An Am plantes. 446-486.(Grillot, G. 1959. Classification des orges cultivées *(Hordeum sativum* Jessen). - Ann. Amél. Plantes. Ser. B.: 445-552.

13. BOYELDIEU J. 2002. Techniques agricoles. l'institut National Agronomique Paris-Grignon : 1-8

14. VON BOTHMER R., JACOBSEN N., BADEN C., JORGENSEN R.B. ET LINDE-LAURSEN I. (1995) Anecogeographical study of the genus Hordeum. Systematic and ecogeographic studies on crop gene pools 7. Rome, IBPGR

15. THOMAS H.M. ET PICKERING R.A. (1988) The cytogenetics of a triploid *Hordeum bulbosum* and of some of its hybrid and trisomic derivatives. Theoretical and A:lied Genetics76(1)

16. NUUTILA A., AIKASALO R., RITALA A., KAU:INEN V. ET TAMMISOLA J. (2000) Risk assessment of transgenic barley. Innovation in the barley-malt-beer chain, Nancy (France), Institut national polytechnique de Lorraine.

17. HAKIMI M. (1989) Les systèmes traditionnels basé sur la culture de l'orge . Edition WMO /ICARDA.

18. CECCARELLI S, GRANDO S, ET IMPIGLIA A (1998) Choice of selection strategy in breeding barley for stress environments, Euphytica 103

19. BECART C., HERBIN A., LEFEVRE M., MOLARD P., PRZYBYLSKI L., RIGAUDIERE P., SAGOT N. ET WAVELET S. (2000) La filière alimentation animale. Lille

20. FISCHBECK G. (2002) Contribution of barley to agriculture: a brief overview. In: G. Slafer, JL. Molina-Cano, R. Savin, JL. Araus and I. Romagosa (éds). Barley Science- Recent Advances from Molecular Biology to Agronomy of Yield and Quality. New-York, London, Oxford, Food Product Press

21. BRIGGS (1978) Barley. London, Chapman and Hall(R. N. H. Whitehouse (1979). Review of D. E. Briggs 'Barley' Experimental Agriculture, 15, : 203-204

22. BOUZERZOUR H ET MONNEVEUX P (1992) Analyse des facteurs de stabilité du rendement de l'orge dans les conditions des hauts plateaux de l'Est algériens. Séminaire sur la tolérance à la sécheresse des céréales en zone méditerranéennes. Les colloques 64.

23. OUFROUK F et HAMIDI M. 1988. Maladies et ravageurs des céréales. In Benchabane K .D et Ould-Mekhloufi L.1998. Evaluation phénologique de quelques variétés d'orge. Mém. Ing. INA. Elharrach. 59p

24. KIMBER G, RILEY G .1963. Haploid angiosperms. Bot Rev (29).: 480-509

25. Pickering R.A. et Devaux P. (1992) Haploid production: A: roaches and use in plantbreeding. In: Shewry PR. (éds). Barley: Genetics, biochemistry, molecular biology and biotechnology. Oxford, CAB International : 519-547

26. DEVAUX P, ZIVY M, KILIAN A, KLEINHOFS A.1996. Doubled haploids in barley. In: Scoles G, Rossnagel B (eds) Proceedings of the V international oat conference and VII international barley genetics symposium, , Saskatoon, : 213– 222

27. HORLOW C., DEFRANCE M.C., POLLIEN J.M., GOUJAUD J., DELON R. et PELLETIER G.1992.Transfer of cytoplasmic male sterility by spontaneous androgenesis in tobacco (*Nicotiana tabacum*L.). Euphytica 66(1-2). :45-53

28. BRAR D. et KHUSH G. 1994.Cell and tissue culture for plant improvement. In: AS. Basra (éds). Mechanisms of plant growth and improvement productivity. Modern A: roaches. New York, Basel, Hong-Kong, M. Dekker Inc. : 229-278

29. KICHERER S., BACKES G., WALTHER U. etJAHOOR A. 2000.Localising QTLs for leaf rust resistance and agronomic traits in barley (*Hordeum vulgare* L.). Theoretical and A:lied Genetics 100.: 881-888

30. POWELL W., THOMAS W.T.B. etTHOMPSON D.M.1992. The agronomic performance ofanther culture derived plants of barley produced via pollen embryogenesis. Annals of A: lied Biology 120. : 137-150

31. PICARD E, CRAMBES E, LIU GS, MIHAMOU-ZIYYAT A., 1994. Évolution des méthodes d'haplodiploïdisation et perspectives pour l'amélioration des plantes. *C R Soc Biol* 188 : 107-139.

32. CHOO TM, CHRISTIE BR, REINBERGS E, 1979. Doubled haploids for estimating genetic variances and a scheme for population improvement in self-pollinated species. *TheorAppi Genet* 54 : 267-271.

33. WALSH, C., 2004. Lessons from natural molecules. Nature 432 (7019), 829– 837

34. CHOO TM, REINBERGS E, KASHA KJ, 1985. Use of haploids in breeding barley. *Plant Bree- ding Rev* 3 : 219-247.

35. GRIFFING JB, 1975. Efficiency changes due to use of doubled haploids in recurrent selection methods. *Theor Appi Genet* 46 : 367-386

36. HERMSEN JGTH, RAMMANA MS., 1974. Embryoid formation in the anthers of some interspecific hybrids in *Solanum*. *Euphytica* 23: 423-427.

37. GALLAIS A (1987). Place de l'haplodiploïdisation dans les schémas de sélection. *Sel Français* 36 : 47-58.

38. DE BUYSER J, HENRY Y, LONNET P, HERTZOG R, HESPEL A, 1987. «Florin» : a doubled haploid wheat variety developed by anther culture method. *Plant Breed* 98 : 53-56.

39. DEMARLY Y., 1975. Anther and pollen culture for production of haploids. Their utilization in plant breeding. Proc. Cong. Eucarpia "Ploidy in Fodder Plants", Zürich, 142-154.

40. DIEU P, PAGNIEZ M, 1989. L'haplodiploïdisation ou l'épopée du jeune grain de pollen. *La Recherche* n° 208 Supplément, 60-63.

41. HAYES P., 1992. *Molecular marker assisted analyses in barley.* Communication au séminaire d'échange et d'information d'Agrogène SA. Marquage moléculaire. Évry.

42. SANGWAN RS, SANGWAN-NORREEL BS, 1987. Ultrastructural cytology of plastids of pollen grains of certain androgenic and nonandrogenic plants. *Protoplasma* 138 : 11-22.

43. LAWTON K., POTTER S., UKNES S. et RYALS J.,1994.Acquired resistance signal transduction in *Arabidopsis* is ethylene independent. The Plant Cell 6 : 581-588

44. CARBONNEL EA, ASINS MJ, BASELGA M, BALENSARD E, GERIG TM. 1993. Power studies in the estimation of genetic parameters and the localisation of quantitative trait loci for backcross and doubled haploid populations. *Theor Appi Genet* 86 : 411-416.

45. WENZEL G, GRANER A, JAHOOR A, FOROUGHI-WHER B., 1994. Haploids - an integral part of applied and basic breeding research. Poster et communication. VHI the International Congress of plant tissue and cell culture. Florence, 12-17 juin.

46. BOUZERZOUR H, BENMAHAMED A., MEKHLOUF A. et HARZALLAH D. 1998. Evaluation de quelques techniques de sélection pour la tolérance aux stress chez le blé dur en zone semi-aride d'altitude. Céréaliculture 33 : 27-33.

47. BENMAHAMMED A., KERMICH A., HASSOUS K.L., DJEKOUN A. ET BOUZEZOUR H. 2003. Sélection multi caractères pour améliorer le niveau et la stabilité du rendement de l'orge en zone semi-aride. Sciences et Technologie 19 : 98-103.

48. YAP T.C. et HARVEY B.L. 1972. Inheritance of yield components and morpho-phisiological traits in barley. Crop Sci. 12: 283-286.

49. OLMEDA-ARCEGA O.B., ELIAS E.M. et PEACOCK J.M. 1993. Yield response of barley to rainfall and temperature in Mediterranean environements. J. Agri. Sci. 121. :307-313.

50. BOUZERZOUR H. et DEKHILI M. 1995. Heritability, gain from selection and genetic correlation for grain yield of barley grown in two contrasting environments. FCR 41 : 16-28

51. GRAFIUS J.E. 1978. Multiple characters and correlated response. Crop Sci. 18. : 931-934.

52. CENTERELL RG. Et HARO ARIAS E.S. 1986. Selection fo spikelet fertility in a semi-dwarf durum wheat populations. Crop Sci. 26. : 691-693.

53. MACNEAL F.H, QUALEST G et STWART V. 1978. Selection of yield and yield component in wheat. Crop Sci.18. 145-152.

54. PURI Y., QUALSET C. et WILLIAM W. 1982. Evaluation of yield component as selection criteria in barley breeding: II. A:lication à la prédiction de l'hétérosis. Agronomie, 12. : 683-690.

55. SHARMA R et SMITH E. 1986. Selection for high and low harvest index in winter wheat populations. Crop Sci. 26. : 1147-1150

56. BAHLOULI F. 1998. Variabilité génétique et analyse de piste d'un germoplasme d'orge. Thèse de Magister INA, Alger, 80p

57. CECARELLI S. 1987. Yield potentiel and drougt tolerance of segregating barley populations in contrasting anvironement. Euphytica 36. : 265-279.

58. PAPADAKIS J. 1938. Ecologie agricole. Ed Jules Duculot. Gemblou. 313:.

59. PIRI KH, ANCEAU C, SEILLEUR P. 1989. Amélioration des techniques androgéniques par modification des conditions de croissance des plantes donneuses d'anthères chez T. aestivum L. em. THELL. Bull Rech Agron Gembloux 24 (2) : 213-217.

60. MIHAMOU-ZIYYAT A 1992. I. Réactions aux températures élevées du blé tendre au cours de l'androgenèse in vitro et conséquences sur la physiologie des plantes obtenues. II. Recherches sur les méthodes de production d'haploïdes doublés de blé dur (Triticum durumDesf.) Thèse de Doctorat. Université Paris XI, 224p.

61. LASHERMES P. 1989. Screening for stress tolerant genotypes via microspore in vitro culture. In : Acevedo E, Conesa AP, Monneveux Ph, eds. Physiology and breeding of winter cereals for stressed Mediterranean environments, Montpellier,

France, July 3 6, Srivastava JP,INRA/ICARDA, Paris, 1991, Colloques n° 55 : 461-474.

62. Ye JM, Kao XN, Harvey BL, Rossnagel BG. 1987. Screening salt tolerant barley genotypes via anther culture in salt stress media. Theor A: i Genet 74: 426-429.

63. HOSPITAL F. 2001. Size of donor chromosome segments around introgressed loci and reduction of linkage drag in marker-assisted backcross programs. Genetics 158: 190-193.

64. LANGRIDGE P., LAGUDAH E., HOLTON T. A:ELS R. SHARP P. et CHALMERS K. 2001. Trends in genetic and genome analyses in wheat. A review. AUST. J.Agri.res.52: 1043-1077.

65. PATERSON A., DE VERNA J., LANINI B. et TANKSLEY S.D. 1991. Mendelien factors underlying quantitive traits in tomato. Genetics 127: 181-182.

66. GALLAIS A. 1994. La sélection assistée par marqueurs. Quel avenir pour l'amélioration des plantes ? Ed. AUPELF-UREF. Jhon Libbey Eurotext.:397-398.

67. JONARD P., 1964. Etude comparative de la croissance de deux variétés de blé tendre. Anatomie des plantes Vol 14, n°2, : 101-130.

68. ZOUADINE N., 1989. Effet de la fertilisation azotée et de la densité de semis sur le comportement d'un blé dur à haut rendement (station Oued samar). Mémoire Ing. INA. El-Harrach. Alger. 131p.

69. NACHIT M.M., PICARD E., MONNEVEUX P., LABHILILI M., BAUM M. et RIVOAL R., 1998. Présentation d'un programme international d'amélioration du blé dur pour le bassin méditerranéen. *Cahiers Agric.*, 7:510-515.

70. EVANS L., O'BRIEN L. et BAKER R. 1978. Response to selection for grain yield in durum wheat. Crop Sci. 18. 714-719.

71. BALDY C., 1992. Indicateurs de la contrainte hydrique, Sécheresse, :175-177.

72. GATE P., BOUTHIER A. et MONIER J-L., 1992. La tolérance des variétés de blé tendre d'hiver à la sécheresse : une réalité à valoriser. Persagri, n°169, :.62-67

73. ADDA A., 1996. Contribution à l'étude des caractéristiques morphologiques, physiologiques et anatomiques de la productivité chez le blé dur (*Triticum durumDesf.*) dans une zone semi-aride. Thèse magister en Sciences agronomiques. INA. El Harrach, 114p.

74. BENABDELLAH N. et BENSALEM M., 1993. Paramètres morphophysiologiques de sélection pour la résistance à la sécheresse des céréales. In Tolérance à la sécheresse des céréales en zone méditerranéenne. Les colloques. N° 64. INRA. Paris. : 275-298.

75. BAGGA A-K., ROWALI N-K. et ASANA R-D., 1970. Comparaison of reponse of some Indian and semi dwarf mexican wheat to unirrigate cultivation. Agr sc. n° 40. : 421-427.

76. LALOUX R., 1973. Une méthode rationnelle de la conduite de la culture de blé. Entreprise agricole. : 8-41

77. MONNEVEUX P., 1989. Quelle stratégie pour l'amélioration de la tolérance au déficit hydrique des céréales d'hiver. Journée scientifique de l'AUPELF : amélioration des plantes pour l'adaptation au milieu aride (Tunis, 9 décembre 1989).

78. BAHLOULI F., 1998. Variabilité génétique et analyse de piste d'un germoplasme d'orge .These de MAG. INA. ALGER : 80p

79. ALI DIB T. et MONNEVEUX P. 1992. Adaptation à la secheresse et notion d'idéotype chez le blé dur. Agronomie 12: 371-379.

80. MOSSEDDAQ F. et MOUGHLI L., 1999. Fertilisation azotée des céréales, cas des blés en irrigué. Transfer de technologies en Agriculture. N° 62. 4 p.

81. BENDJAMA O., 1977. Contribution à l'étude de l'élaboration du rendement de quelques variétés de blé dur en fonction des densités de semis dans les conditions édaphiques de la station d'El- Khroub. Mémoire Ing. INA. El-Harrach. Alger. 105p.

82. GRIGNAC P., 1981. Rendement et composantes de rendement du blé d'hivers dans l'environnement méditerranéen français. Communication au conseil scientifique. Italie.11ème édition, n° 1178, : 185-195.

83. GATE, P. (1995). Ecophysiologie du blé. Tec Doc. Lavoisier, Paris.429p.

84. GATE P., BOUTHIER A., CASABIANCA H. et DELEENS E; 1993. Caractères physiologiques décrivant la tolérance à la sécheresse des blés cultivés en France .Colloque Diversité génétique et amélioration variétale, Montpellier (France), 15-17 décembre 1992. Les colloques, n°64. Paris: Inraéditions.

85. JOUVE P., 1984. Relation entre déficit hydrique et rendement des céréales (blé tendre et orge) en milieu aride. Agronomie tropicale vol 39, n°4, : 308-315.

86. TAUREAU J-C., 1987. Variabilité de réponse du blé aux doses croissantes d'azote dans les themariais. Pers agri. n° 114. : 17-36

87. KAYYAL (1973). mécanismes d'adaptation à la sécheresse et maintien de la productivité des plantes cultivées. Agronomie tropicale, n°1:29-37.

88. SOLTNER D., 2001. Les grandes productions végétales, Phytotechnie spéciale. 19ème édition. Collection Sciences et techniques agricoles, Paris-France., 464p.

89. COUVREUR F., 1985. Formation du rendement du blé et risques climatiques. Pers agri°95:12-15.

90. PREVOST P., 1999. Les Bases de l'agriculture. Deuxième édition. Ed. Tec. doc. 165-195.

91. BOISGONTIER D., 1985. Maîtrise de la densité de semis des céréales. Cultivar. N° 185. : 85-88.

92. MASSE J et THEVENET G., 1982. Quel peuplement choisir ? Pers agri. n° 61. : 46-49.

93. ZAIR M., 1994. L'irrigation d'appoint et la fertilisation azotée du blé dur, Céréaliculture N° 24 : 17.

94. DEUMIER J-M., 1986. Des rendements de blé plus réguliers. L'irrigation, un atout les années sèches. Producteurs agricoles français. N° 390. : 18-20.

95. GAUDILLIERE J-P. et BARCELO M-O., 1990. Effets des facteurs hydriques et osmotiques sur a croissance des talles de blé. Agronomie, vol 10, n°50: 423-432.

96. GROS A., 1979. Engrais. Guide pratique de la fertilisation. Ed la Maison rustique. Paris-France. 434-436p.

97. AURIAU P., 1978. Sélection pour le rendement en fonction du climat chez le blé. Annale de l'INA. Alger. Vol 8 n° 2. : 5-11.

98. BOUZERZOUR, H. 1998. Sélection pour le rendement, la précocité, la biomasse et l'indice de récolte chez l'orge (*H.vulgare.* L) en zone semi- aride Thèse de doctorat ISN. Univ Constantine. 137p.

99. OUHAJOU, L. 1991. Les rapports sociaux liés aux droits d'eau: Le cas de la vallée du Dra. In Aspects de l'agriculture irriguée au Maroc. Univ. Paul Valéry Montpellier.

100. SHARMA R.C. 1993. Selection for biomasse yield in wheat. Euphytica 70. : 35-42

101. SIDDIQUE K.L.M., TENAT D, PERRY M. et BELFORD R.K. 1990. Water use and WUE of old and modern cultivars in a mediterranean type environement . Aust. J.Agric. Res.41. 431-447.

102. LOPEZ-CASTAODA C., RICHARD R.A. 1994. Variation in temprate cereals in rainfed environments. Field Crop Res. 37. : 63-75.

103. KARMER T. et DIDDEN F.A.M. 1981 – The influence of awns on grain yield and kernel weight in spring wheat (*Triticum aestivum*L.).

I **want** morebooks!

Buy your books fast and straightforward online - at one of the world's fastest growing online book stores! Environmentally sound due to Print-on-Demand technologies.

Buy your books online at
www.get-morebooks.com

Achetez vos livres en ligne, vite et bien, sur l'une des librairies en ligne les plus performantes au monde!
En protégeant nos ressources et notre environnement grâce à l'impression à la demande.

La librairie en ligne pour acheter plus vite
www.morebooks.fr

OmniScriptum Marketing DEU GmbH
Heinrich-Böcking-Str. 6-8
D - 66121 Saarbrücken
Telefax: +49 681 93 81 567-9

info@omniscriptum.com
www.omniscriptum.com

Printed by Books on Demand GmbH, Norderstedt / Germany